U0160923

区块链技术解析

从第一代到第三代

孟 璐等 著

科学出版社

北京

内 容 简 介

本书主要阐述 2008～2020 年期间区块链技术从第一代到第三代的发展轨迹，并选取其中具有代表性的各项技术进行详细阐述。主要内容分成三部分：第一部分介绍比特币的基本概念、获取方法，总结了以比特币为主要表现形式的区块链的技术特点和发展现状；第二部分介绍以太坊及智能合约的基本概念、构建方法，并以代码实例的形式展示了智能合约的编写技术和技巧；第三部分选取了 NEO 和 Zoro 作为第三代区块链中的代表，详细介绍其基本概念、构建方法，并分别以代码实例的形式展示了搭建私链、创建钱包、发行代币的方法。

本书适合的读者有区块链应用开发人员、区块链技术爱好者、高校计算机及相关专业师生。

图书在版编目（CIP）数据

区块链技术解析：从第一代到第三代 / 孟琭等著. —北京：科学出版社，2022.7

ISBN 978-7-03-069370-9

Ⅰ. ①区… Ⅱ. ①孟… Ⅲ. ①区块链技术—研究 Ⅳ. ①TP311.135.9

中国版本图书馆 CIP 数据核字（2021）第 138103 号

责任编辑：姜　红　韩海童 / 责任校对：王　瑞
责任印制：赵　博 / 封面设计：无极书装

科 学 出 版 社 出版
北京东黄城根北街 16 号
邮政编码：100717
http://www.sciencep.com

北京科印技术咨询服务有限公司数码印刷分部印刷
科学出版社发行　各地新华书店经销
*
2022 年 7 月第 一 版　　开本：720×1000　1/16
2025 年 1 月第三次印刷　　印张：9 1/2
字数：192 000

定价：99.00 元
（如有印装质量问题，我社负责调换）

作者名单

孟　璟　刘　阳

谷自远　孙　斌

李　洲　刘泽瑶　陈　喜

前　言

截至 2020 年 11 月 1 日，每个比特币的价格为 30205.9$，一串虚拟的二进制代码为什么能价值这么高呢？密码学和分布式计算方面的专家 Stuart Haber 和 Scott Stornetta 在 1991 年第一次提到"区块链"这个概念，其作为一个数字层级系统，利用数字时间戳来进行交易。这一理论在 17 年后由中本聪通过"比特币"来实现，并成为一个传奇。

第一代区块链。2009 年 1 月，第一个比特币区块在网络中诞生。比特币作为第一代区块链技术的象征，与所有的货币不同。比特币不依靠货币机构发行，它依据特定算法，通过大量的计算产生，比特币使用对等网络中众多节点构成的分布式数据库来确认并记录所有的交易行为，并使用密码学的设计来确保货币流通各个环节的安全性。对等网络的去中心化特性与比特币算法，确保了比特币无法被伪造。基于密码学的设计使比特币只能被真实的拥有者转移或支付，这同样确保了货币所有权与流通交易的匿名性。比特币与其他虚拟货币最大的不同是其总数量非常有限，具有极强的稀缺性。

第二代区块链。比特币开创了去中心化加密货币的先河，经过五年（2013～2018 年）的技术沉淀，也充分验证了区块链的可行性和安全性；在去中心化领域，比特币网络的建立和运行也验证了其可行性。然而，比特币并不完美，比特币总量稀少，且在比特币网络中只能存在比特币，但是全世界的业务繁多，单靠少量的比特币无法解决现实中的诸多问题，因此，比特币也只存在于比特币自己的世界中。2013 年末，俄罗斯程序员 Vitalik Buterin 受比特币的启发，提出以太坊的概念。以太坊有两点特性：智能合约、以太坊虚拟机。智能合约可以理解为分散在区块链上的应用程序，智能合约具有高度安全性、完全数字历史记录、可审计、去信任化、不可拦截等特点。因此只要开发出智能合约，区块链网络就会承载运行应用程序。以太坊虚拟机可以理解为开发环境，就像 Java 虚拟机一样，其中封装了很多功能。

第三代区块链。第二代区块链无法处理可伸缩性问题，例如，莱特币链每秒可以处理 56 个交易，而 Ripple 链每秒可以处理 1500 个交易。此外，第二代区块链无法解决不同区块链项目之间的通信问题。第三代区块链技术为这些具有挑战性的问题提供了解决方案。并行事务是通过有向无环图引入的，允许多个并行数据流在网络上运行，从而划分工作并防止网络出现问题。第三代区块链技术还引入了侧链的概念，可以将代币化的资产转移到另一个区块，令其主链释放更多的事务，进而使用户资产转移到侧链可以运行他们的事务。

通过对本书的学习，读者可以了解区块链 10 余年来的技术发展脉络，相关学科的从业人员可以了解区块链的基本概念、基本搭建方法和使用方法，相关开发人员可以初步掌握第三代区块链的开发技术与技巧。

本书的出版得到了国家自然科学基金项目（项目编号：62073061）和中华人民共和国工业和信息化部 2020 年工业互联网创新发展工程——规模化工业互联网标识新连接平台项目（项目编号：TC200A00L-4-2）的支持，作者在此表示感谢。

同时，特别感谢家人、同事及相关技术爱好者的支持。

由于作者水平有限，书中难免出现疏漏之处，恳请读者批评指正。欢迎发送您的宝贵意见至电子邮箱：23587926@qq.com。

孟琭

2021 年 6 月

目　　录

第1章

第一代区块链与比特币

2008 年 11 月 1 日，中本聪在论文 "Bitcoin: A Peer-To-Peer Electronic Cash System" 中首次提出比特币的概念[1]，区块链是比特币的技术层面实现。比特币是一种数字货币，与其他传统货币不同，比特币是一种对等网络（peer to peer，P2P）的数字货币。P2P 最早可以追溯到 2003 年左右的比特流（BitTorrent，BT）下载，当时很多使用 BT 下载的用户并不了解 P2P 技术的细节，但在使用 BT 下载的过程中，发现这是一种与之前截然不同的下载方式。之前用户都是在指定的网站通过指定的网址下载，下载速度取决于用户与指定网站之间的连接速度和带宽。而 BT 下载则是用户仅下载一个很小的种子文件（几千字节，甚至几百字节），该种子文件将完整的下载内容分成多个"小块"，拥有相同种子文件的众多用户之间互相传输内容，即：将自己拥有的"小块"传输给其他用户，同时又从其他用户那里下载自己没有的"小块"。这样的下载方式使得各个用户之间是对等的，并没有一个固定的网站来提供所谓的"中心化"下载，并且参与 BT 下载的用户越多，用户下载的速度越快，甚至可以逼近用户带宽的理论下载上限。这种 BT 下载就是 P2P 技术的一种典型应用，在 P2P 中，所有节点都是对等的，并没有一个"中心"来协调和控制各个节点，因此它是一种去中心化的系统。

比特币是一种点对点形式的数字货币，因此，就是一个去中心化的交易系统，去中心化意味着比特币不依靠中心机构发行，比特币通过大量的计算（俗称挖矿）产生并发行，分布在 P2P 中的各个节点通过共识算法来确认和记录比特币的交易，并且通过加密算法来保证比特币在流通过程中的安全性。比特币所运用的加密算法及其本身的去中心化特性可以避免人为产生过多比特币进而操纵币值。比特币基于加密算法设计出的公私钥对使非持币者无法盗用比特币，也同时保证了比特币持有者在比特币交易过程中的匿名性。传统货币都是无限的，由中心机构根据市场情况发行，但是比特币在其诞生之初就规定了其数量是有限的，具有极强的稀缺性[2]。

比特币的主要特征如下。

（1）去中心化。比特币网络由分布在全世界的各个节点组成，这些节点是平等的，没有凌驾于其他节点的中心节点，这种去中心化网络的设计保证了比特币的安全和自由。

（2）全世界流通。比特币网络中的节点可以处在全世界的任意一个地方，只要电脑连上网络，就可以随时随地进行比特币交易。

（3）专属所有权。每个比特币持有者都有专属于自己账户的私钥，私钥不为其他人所知道，拥有私钥就可以进行比特币交易，需要妥善保存。

（4）低交易费用。比特币的交易可以是免费的，但是我们最好在进行交易时给矿工一些额外的交易费（比如1比特分），使交易更快得到确认。

（5）无隐藏成本。比特币在进行转账时只需要对方的账户地址即可，无须复杂操作和额度限制。

（6）跨平台挖掘。比特币需要通过挖矿来发行，矿工可以在众多计算平台上进行挖掘。

■ 1.1　为什么要有区块链？

为了对区块链有一个完整的、准确的认知，我们要解决的第一个根本性的问题就是：为什么需要区块链？这个问题需要从区块链本身的性质上去寻找答案。说到底，区块链并不是实物，而是一种新的记载、传输信息的工具。那么我们需要搞清楚以下三个问题[3]。

（1）人类为什么需要传输、存储信息？

（2）在区块链产生之前，人类的信息记载、传输技术是什么样子的？经历过哪些转变？

（3）区块链对人类传输、存储信息的需求有哪些贡献？与以往的技术相比，又具有哪些缺陷？

1.1.1　人类需要传输、存储信息的原因

首先，对于地球上多种多样的动物，它们之间是存在信息传递的，例如，海豚通过脉冲波进行交流，蜜蜂通过空中舞蹈进行沟通，蚂蚁使用触角间的信息素化学物质来传递信息。但是它们之间信息交流的深度，远远不及人类。人类的语言不仅发展出了众多的词汇和各种精妙的表达法，更拥有汗牛充栋的书籍和影音记录[3]。

此外，人类的语言不仅可以描述具体的事物，还可以表达抽象的概念，甚至仅凭作家的构思就可以描绘出宏大的、精致的、却又不存在的虚拟世界。

现在我们可以回答"人类为什么需要传输、存储信息"这个问题了，因为随着人类生产力的发展、技术的进步，人与人之间需要大规模的紧密合作，这种合作需要人与人之间可以通畅地传递消息产生信任，同时也对信息的存储提出了要

求，从而使得人类的知识可以代际传播。可以说，传输和存储信息，就是人类的生存本能。

1.1.2　人类传输、存储信息技术的发展

人最初并不记载信息，只是通过某些简单的发音来表达自己的意愿以及彼此间进行合作。随着时间的推移，越来越多的场景需要更复杂的表达，比如合作狩猎、修建房屋等，也就逐渐产生了更复杂的语音交流。而随着生产力的发展，部落内逐渐有了猎物或水果的盈余，需要记录，结绳、画线等记录方式应运而生，进而发展出了绘画、符号、乃至文字。综上所述，人类的这些传递信息、表达信息、存储信息的方法，都是在长期的生产、生活实践中总结而来的，来自于民间不断的创造、交流、积累和试错，并不是来自于某一个人或神的强行安排、推广。

随着技术的进步，将信息刻在土地上、贝壳上、石壁上都显得过于呆板，随之而产生了更方便书写、保存的介质，例如竹简、丝绸、纸张等，这些发明对信息的表达、传递、存储都起到了积极的推动作用，但同时也造成了信息的"中心化"，因为这些媒介在古代都是相对昂贵的，穷人无法承担。例如，南宋名将岳飞，年幼时家贫，无钱买纸笔，只能以树枝为笔，沙地为纸，学习文化。

1.1.3　区块链对人类传输、存储信息技术的影响

互联网诞生于 20 世纪 90 年代，最初互联网是一个去中心化的世界，没有权威，没有巨头，各个用户自由表达和发挥，虽然也存在野蛮生长的成分，但总体还是积极向上的。然而万事万物都逃不脱"分久必合"的趋势，随着多年的发展，权威出现了，巨头也出现了，互联网资源和信息逐渐被少数几个巨型公司所掌握。例如，世界上大部分的 IPV4 网络地址由美国所掌握，世界上大部分的根路由和域名解析由美国所掌握，越来越多的视频、图像资源由 Instagram、Facebook 所控制，自媒体资源由 Twitter 所控制，等等。

区块链技术和比特币给互联网的去中心化带来了一丝曙光，它的贡献在于，为互联网上的信息传递和存储提供了一个去中心化的、可靠的、不可篡改的、透明的解决方案，可以说它真正做到了信息传递和存储的公开、公正。但这一切都是有代价的，这种技术也不是完美的。首先，区块链的成本要高于中心化的网络，例如，一笔比特币的交易，可能会在全世界的数万台电脑上同时进行记录，而中心化的交易，只需要在银行的账目上记录一次即可。乍一看，区块链网络造成了数据的冗余，张三转给李四一个比特币，有必要让全世界都知道吗？仔细考虑一下，我们到底想从区块链技术得到什么，便捷？速度？省钱？安全？是的，就是安全。区块链技术旨在提供安全的、可靠的去中心化解决方案，为了安全，适当牺牲了其他指标。总之，区块链技术提供了安全的分布式互联网信息传输和存储方法，为互联网"草根"对抗互联网巨头，提供了技术支持和可能性。

■ 1.2　区块链与比特币

区块链的本质是一种去中心化的记账系统，而比特币正是这个系统上承载的"以数字形式存在"的货币。我们可以认为区块链与比特币之间的关系就是记账货币与货币之间的关系，也可以说比特币只是记账的表征，而区块链就是由其背后的一套信用记录以及信用记录的清算构成的体系。

比特币是一种数字货币，而区块链就是承载比特币的去中心化记账系统。所以我们可以认为区块链实际上就是记载着以比特币为货币的各种交易的网络账本。区块链，顾名思义，它是由一个个区块首尾相连组成的一条逻辑上的链子，一个区块可以看作账本的一页，记载着大概几百个比特币的交易。区块链可以看作是一套每个节点都可以参与背书的信用体系。

从技术层面上看，实现比特币的底层技术就是区块链，区块链是一系列技术（P2P、共识算法、加密技术等）的集成，区块链创造了比特币，比特币也让区块链这项新兴技术为大众所知。

1.2.1　哈希函数

在介绍比特币之前，首先需要了解哈希（hash）函数，这是整个比特币系统的底层核心机制。

哈希函数又称散列函数，假设将 X（X 可以是字符串、文本、图像、音频、视频等）作为输入，哈希函数返回一个对应的输出 $H(X)$。其中 X 可以是任意长度的字符串，而 $H(X)$ 的长度则是固定的；同时保证不同的输入 X，可以得到不同的输出 $H(X)$，即免碰撞性，尽管这在理论上是有瑕疵的，例如目前比特币系统使用的是 256 位哈希函数，这意味着如果我们进行 $2^{256}+1$ 次不同输入 X 的哈希函数运算，就必然可以得到至少两个相同的 $H(X)$，理论证明只要有 2^{130} 次输入，就有 99% 的可能性得到相同的 $H(X)$，但 2^{130} 是如此的巨大，以至于目前人类最快的计算机即使从宇宙诞生之日开始计算到现在，其碰撞的可能性也微乎其微，这就在实际操作中保证了哈希函数的免碰撞性；并且哈希函数是一个单向的函数，即在知道 X 的情况下，我们可以通过哈希函数快速地计算得到 $H(X)$，但是在知道 $H(X)$ 的情况下，我们无法逆向求解 X，即隐匿性。

1.2.2　什么是比特币？

比特币是一种数字货币，但是从本质上来说，比特币是通过哈希算法得到的满足系统规定条件下的特解。满足这种条件下的解是无穷的，我们只需要得到无穷多个的特解中的一组。而每一个特解都能解开方程并且是唯一的[4]。

　　获取比特币的过程就是找寻特解的过程，这个类似于解方程组的过程就是挖矿。在比特币设计之初，规定了前 2100 万个解是有限的，后续的解将不再产生比特币，所以比特币的数量是 2100 万。

　　关于比特币和挖矿的本质已经说得差不多了。但是还有一些问题没有解决。比如，我们一直说比特币就是特解，也就是一串数字，那么这串数字为什么可以称作数字货币呢？又如何证明你拥有着某个比特币呢？

　　比特币本身作为一个字符串，需要依托于比特币网络（即区块链）才能正常运作，实现货币的功能。这就好比是声音的传播需要媒介，离开了媒介，任何声音也无法传播，没有比特币网络，比特币也无法运转。

　　比特币的底层技术区块链就是一种分布式存储数据库，记录了在比特币网络中发生的每笔交易。这个数据库并不只是存在于某一个或者某几个中心的服务器里，而是面向所有的节点公开，一个比特币钱包就是一个节点，这些节点通过 P2P 相连，每个节点都可以通过 P2P 更新自己本地的区块数据。但是由于比特币的发展，区块一直变多，导致节点需要存储的数据量过大，并不是所有人都愿意去保存这样庞大的数据，所以在发展过程中出现了轻量级钱包，只保存了比特币区块链的头部数据，因此大部分节点都选择了轻量钱包。

　　为什么要把比特币网络设计成分布式存储数据库呢？

　　比特币是一串数字，如何保证这串数字的唯一性，即在某个时刻只属于某一个人？

　　比特币系统是这样设计的，我们以一次交易为例。特解 12345 的拥有者节点 X，现在想和节点 Y 发生一笔交易，即将特解 12345 转给节点 Y。于是，节点 X 发起了交易，向整个比特币网络发出广播，内容是："我是节点 X，有特解 12345，我现在把这个特解转给了节点 Y，你们看到了吗？"这时处在比特币网络中的其他节点收到了广播信息就会做出应对，它们会将收到的信息与自己本地保存的数据库进行比对。其他节点需要确认几个信息，包括 X 的确是 X、12345 的确是方程的特解、节点 Y 确实存在等等。如果确认无误的话，每个节点都会承认这笔交易。当确认这笔交易的节点将它打包成区块，并连上比特币网络中的前一个区块时，这笔交易就发生了。

　　当有着越来越多的区块顺着这个区块连接下去，这个交易记录就已经不可篡改了（一般来说是有 6 个区块就可以保证不可篡改性）。至此，在区块链网络中，特解 12345 就不是节点 X 的而是节点 Y 的了。

　　这时你可能想问，如果节点 X 再向区块链网络广播一次转账信息，内容是："我是节点 X，有特解 12345，我现在把这个特解转给了节点 Y，你们看到了吗？"那会发生什么呢？

前面提过，比特币网络是一种分布式数据库，节点 X 只能修改自己的本地数据库，其他节点的数据库都记载着特解 12345 属于节点 Y，所以其他节点收到广播内容与各自的本地数据库一对比，就不会承认这笔交易，也就不会打包进区块里，即使有恶意节点（比如节点 X）将这笔交易打包进区块并成功地连上了前一个区块，但是也无济于事，因为其他的节点不承认这个区块的合法性，也不会沿着这个区块继续连接，这笔交易相当于从来没有发生过。

挖矿是如何产生比特币的呢？与上面相似，矿工（挖矿的人）通过矿机（计算能力强的设备）找到方程组的特解，找到之后就会与本地的数据库对比，发现这是个新的特解，就会广播到区块链网络，内容如下："我是节点 Z，我找到了叫 23456 的新比特币，你们的本地数据库要是没有记录这个特解，那这个就是我的了。"之后的原理与交易就相同了。

当然，在比特币网络中肯定会存在着恶意节点，但是中本聪在设计时也考虑到了这一点。比特币的共识机制可以确保即使有一定的恶意节点也不会影响整个网络的正常运行，只要恶意节点的数量别超过 50%就好。

比特币虽然具有匿名性，但是它的交易是完全透明的，每个节点都可以通过比特币网络或者自己本地保存的数据库追踪某个比特币从诞生之时的所有交易。

比特币是通过挖矿产生的，挖矿主要是比拼计算机的算力，谁能最快找到下一个特解，谁就可以获得系统赠予的比特币。那如果用天河二号计算机可以做到不停地产生特解吗？答案当然是否。比特币采用的哈希算法，就目前来说，即使是超级计算机也无法破解，只能遵守游戏规则。当整个比特币网络的计算能力提升的时候，比特币的计算难度也会有相应的提升，从而使每个特解产生的时间大概在 10min。

我们说过，比特币只有 2100 万个，当达到了它的上限，挖矿将不会再产生比特币。其实 2100 万这个数字只是中本聪定义的，并不是不能修改。因为比特币的代码是开源的，我们可以看到在比特币官方客户端源代码中第 998 行附近的内容：

```
int64_t GetBlockValue(int nHeight, int64_t nFees)
{
int64_t nSubsidy = 50 * COIN;

/* Subsidy is cut in half every 210,000 blocks which will occur
approximately every 4 years.*/
nSubsidy >>= (nHeight / Params().SubsidyHalvingInterval());

return nSubsidy + nFees;
}
```

我们可以通过修改 50 这个数字来修改比特币数量的上限。但是比特币是一个去中心化的网络，某一个节点的修改毫无意义，只有得到了大家的同意才可以修改。

1.2.3　比特币与区块链的关系

首先要说明，区块链与比特币不可以画等号，区块链是比特币具体实现的底层技术，区块链并不是一项新出现的技术，而是已有技术的合成，比如分布式数据存储、点对点传输、共识机制、加密算法等。比特币之所以如此火热，正是因为它第一次将区块链推上了历史的舞台。

那么，比特币是如何通过区块链这项技术来实现数字货币的功能的呢？

我们先来看看传统货币，传统货币是需要中心机构银行来进行交易背书和记录的。假设有甲乙丙丁四个人，他们之间两两发生了比特币的转账交易，如果用传统方式记录的话，那这些交易信息都会被银行系统记录下来。一般来说，银行是不会对这些交易记录进行篡改的，甲乙丙丁四个人也不会在意与其他人相关的交易，他们更关心的是自己的账户上有多少钱。那如果用区块链，如何记录这些交易信息呢？区块链是分布式数据库，这就意味着甲乙丙丁四个人都有保存这些交易信息的账本，如果区块链技术可以保证甲乙丙丁四个人的账本数据实时一致，那么也就不需要银行承担记账功能了。

接下来，我们看看在比特币中，是如何处理这些交易信息的。当一笔交易被节点广播到网络中，通过找寻特解的过程，最终确定由某个节点把在比特币网络中的交易打包成一个区块。各个区块通过首尾相连的形式，形成了一条长长的链条，称为区块链。

那么问题来了[5]。

（1）为什么要加入这个网络，而且还要消耗计算机资源去记录这些交易信息呢？

（2）以谁的记录为准呢？比如上面的账单顺序，A 用户可能是这个顺序，但是 B 可能顺序不一样，甚至可能 B 根本就没有接收到 C 给 D 转账的这个消息。

（3）这个系统如何有效防伪、防篡改以及防止双花？防伪就是验证每个交易的真实性和有效性，例如某个节点可能会编造某条交易。防篡改就是防止修改某条已经发生的交易及从中获取利益。双花全称双重花费，防止双花问题就是防止双重花费出现。双花指的是节点 X 只有 1 个比特币，但是它在同一个时刻向节点 Y 和节点 Z 转账 1 个比特币，这样的话，这笔钱节点 X 就花费了两次。

回答问题（1）。

因为成功记账是可以获得奖励的，也就是把交易打包进区块，并成功得到大部分节点的认可后，是可以获得系统生成的比特币奖励的，最初的奖励是 50 个比特币，每过四年奖励减半，这也是比特币产生的唯一途径，因为大约每 10min 会产生一个区块，因此我们可以得到这样一个数学式子，即 $50 \times 6 \times 24 \times 365 \times 4 \times (1+1/2+1/4+1/8+\cdots) \approx 2100$ 万，这就是比特币数量的上限。

除此之外，成功记账还可以获得交易的手续费，因为每笔交易都会附带一些额外的手续费，为的就是想快点被矿工打包进区块里，虽然一笔交易的手续费很少，但是一个区块里的几千个交易累计在一起，也是一笔不少的收入。

回答问题（2）。

就像前面提到的，每个节点都可以用自己的计算机通过找到复杂难题的特解来争夺每轮打包区块，也就是记账的权利。这个特解不是轻易能够找到的，只能通过遍历去尝试每个可能的答案，因此得到特解是一个概率问题，计算机的算力越强，得到记账权利的概率相应也就越大。至于这个复杂难题究竟是什么？下面在 1.3 节详细介绍。

回答问题（3）。

第一，电子签名技术。

在日常生活中，防伪是一件很简单的事情，我们可以通过身份证、人脸识别、指纹等等东西来验证自然人身份的真实性，因为这些东西都是独一无二、不可复制的。但是一旦进入了网络世界当中，因为数字容易复制，所以防伪就成为一件令人头疼的事情。比特币是采用了电子签名的方法进行防伪。

通过比特币钱包的网站，我们可以注册成为一名比特币用户。注册成功后，我们会获得专属于该账户的公私钥对和地址，其中私钥是保密的，需要用户永久保存并且不对外公布，一旦丢失，就相当于失去了对该钱包的使用权。我们需要知道一个转换过程，就是私钥→公钥→钱包地址，其中私钥是用来对一笔交易进行签名，而公钥是在比特币网络中公开的，公钥可以用来对签名进行检验，从而验证节点身份的真实性，这就是比特币中的非对称加密算法。这类算法大都是这样一个作用，但是具体的算法过程有所区别，而且相当复杂，这里就不做过多的介绍，对这方面感兴趣的可以查阅相关书籍深入了解一下，不想了解的也不会影响对于比特币系统的理解。常见的非对称加密算法是公开密钥加密算法，而比特币中所采用的非对称加密算法是椭圆曲线加密算法。

比特币中的椭圆曲线加密算法的转换过程如下：

第一步，私钥由系统的随机数发生器生成，它是一个 256 位的二进制数。当然，私钥不能公开，相当于银行卡的密码。

第二步，私钥通过 SECP256K1 算法生成公钥，SECP256K1 是椭圆曲线加密算法中的一种，我们可以通过私钥生成公钥，但是不可能通过公钥反推出私钥。

第三步，同 SHA256 算法一样，RIPEMD160 也是一种哈希算法，我们可以将公钥进行哈希计算，得到对应的哈希，但是无法通过哈希反向计算得到公钥。

第四步，在公钥得到的哈希头部添加上版本号（一个字节），然后将新的字符串重复进行两次 SHA256 计算，将得到的字符串的前面四个字节作为公钥哈希的校验值。

第五步，对第四步得到的结果使用 BASE58 进行编码，得到的字符串就是这个账户的钱包地址（相当于银行卡号）。比如 A3eoRrW5QGRfO2DMUifTY5sLmv9diwfsA。

通过以上的过程我们总结出了私钥、公钥、钱包之间的关系，如图 1.1 所示。总之，所有的值都是通过私钥一步步推导出来的，通过 BASE58 编码和 BASE58 解码算法可以将公钥哈希和钱包地址相互转换。

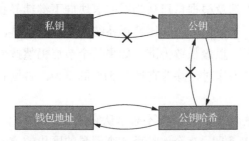

图 1.1 私钥、公钥、公钥哈希、钱包地址之间的转化关系

在了解了公私钥对以及地址的概念之后，我们就很容易理解比特币防伪验证的过程。当节点 X 发起一笔交易，会对交易内容进行哈希函数计算，生成数字摘要，然后对这个摘要通过私钥加密，生成密文。节点 X 会将交易信息、公钥以及密文进行广播。在比特币网络中的节点收到这条信息，会对交易信息进行哈希计算，得到摘要 1，紧接着用公钥对密文进行解密，得到摘要 2，比对摘要 1 和 2，如果相同，就说明确实是节点 X 发出的这条消息。上文提到的签名就是密文。

第二，余额检查。

余额的概念已经根深蒂固，余额是伴随着借贷记账法而产生的，也是目前银行普遍采用的方法，即：将一个人的交易记录统计好后算出一个余额。但是在比特币中没有余额这个概念，因为其采用的是未花费的交易输出（unspent transaction output，UTXO）模型的记账方法。比如 A 向 B 转账 10 个比特币，B 向 C 转账 5 个比特币，对于第二笔交易来说，B 在发起这笔交易时要注明第一笔交易的信息，这样就可以知道 B 曾经从 A 那里收到过 10 个比特币。所以比特币中剩余货币的检查是通过追溯的方法。

第三，双重支付。

节点 X 在同一时间给节点 Y 和节点 Z 转账了 10 个比特币，但是节点 X 仅仅拥有 10 个比特币，那比特币系统是如何处理的呢？事实上，这两笔交易都存在比特币系统的交易池当中，等待着矿工打包进区块。这两笔交易是相互排斥的，打包了第一个交易的矿工会拒绝第二个交易，反之同样如此，那么下一步就是看，到底是节点 X 转账给节点 Y 的交易先上链并得到大多数人的认可，还是节点 X 转账给节点 Z 的交易先上链并得到大多数人的认可。

第四，防止篡改。

如果某个节点想篡改比特币系统上某个已经上链的交易信息，那它有可能做到吗？

比特币有个原则叫最长链原则，如果某一个区块后面有两个矿工同时找到了特解，或者由于网络延迟等原因产生了分歧，这时，比特币中的各个节点就要开始站队了，各个节点随意根据自己认为对的区块向下继续寻找特解，直到找到特解，也就是产生下一个区块。这时比特币系统中会有两条链，但是长度是不一样的，比特币系统规定，以最长链为准。如果某个节点仍然按着短链去挖矿，那么它就是在和大多数算力作对，除非它拥着 51% 的算力，否则它挖的区块不会得到任何认可和奖励。

回到上面的场景，节点 X 如果不想承认它给节点 B 转了 10 个比特币，那就只能从记录了 A 向 B 转账 10 个比特币这个消息的区块的前一个区块开始重新挖矿，硬生生地造出一个支链来，但是这条支链由于算力不足（假设节点 X 自己的算力无法对抗全网的算力），不会追赶上主链的长度，也就是无效的。理论上只有在节点 A 掌握了全网一半以上的算力以后，才有可能使支链比主链长，但是实际上这种情况是不可能存在的。

1.2.4 区块链的数据结构

我们学习计算机时曾经有这么一个定义：程序=数据结构+算法。对于一个区块链，我们认为区块链技术也是类似的，区块链的一个核心是数据结构，另一个核心是共识算法（在 1.3 节介绍）。

比特币程序将数据存在了 4 个地方[6]。

（1）blocks/blk*.dat 的文件中存储实际的区块数据，这些数据以网络格式存储。它们仅用于重新扫描钱包中丢失的交易，将这些交易重新组织到链的不同部分，并将数据块提供给其他正在同步数据的节点。

（2）blocks/index/* 是一个 LevelDB 数据库，存储着目前已知块的元数据，这些元数据记录所有已知的区块和其在磁盘上的存储位置，有了各个区块的位置，查找速度将会大大加快。

（3）chainstate/* 是一个 LevelDB 数据库，相当于一个未花费交易池，存储着所有当前没有花费的比特币和它们的元数据。当有新的区块产生，对于区块里的交易，我们可以通过这个数据库快速校验。理论上，这些数据可以从块数据中重建，但是这需要花费很长时间。虽然没有这些数据也可以对交易进行验证，但是需要对已有的数据进行扫描，当然这是很浪费时间的。

（4）blocks/rev*.dat 中包含了"撤销"数据，拥有这些撤销数据，如果某一天比特币的链需要进行交易的回滚，那么将会是非常方便的。

对于从网络中接受的数据，比特币系统会在磁盘上以.dat 的形式进行存储。一个区块文件的大小约 128MB。每个区块文件都对应着一个撤销文件，比如文件 blocks/blk555.dat 和 blocks/recv555.dat 相对应。

每个区块都会打包最近的交易信息，同时包含对前一个区块的引用。同时它还包含了一个复杂难题的答案，每个区块的答案都是唯一的。

只有有了正确的且没有出现过的答案，新的区块才可以被提交到网络，挖矿的过程本质是计算速度的比拼，只有在每一轮最先找到答案的人才可以获得奖励。虽然答案难找，但是反过来，想验证答案的正确性却是非常容易的。

比特币网络平均每 10min 出一个区块，但是网络的算力不是一成不变的，所以系统会自动调整数学问题的难度。每隔 2016 个区块（大概历时两周），所有的比特币客户端会将过去挖出区块的平均时间与 10min 进行比较，网络会达成共识，自动调整难度使下一个周期的平均时间回到 10min 左右。

每个区块都会包含对前一个区块的引用，链是可能发生分叉的，比如有两个矿工同时算出了同一个区块的两个不同的答案。当然比特币系统中只会允许一个链存活，即最长的那条链。

从数据结构的层面来描述区块链，那就是用哈希指针将一系列区块串联起来形成的一条数据链表，如图 1.2 所示。各个区块由区块头和交易两部分组成[7]。

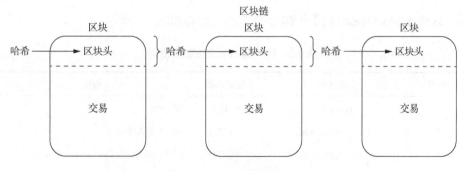

图 1.2　区块链的链表结构

区块链的数据结构如表 1.1 所示。

表 1.1　区块链的数据结构

大小/B	变量名称	数据类型	描述
4	magic_number	uint32	总是 0xD9B4BEF9，作为区块之间的分隔符
4	block_size	uint32	后面数据到区块结束的字节数
80	block_header	char[]	区块头
不定	transaction_cnt	uint	交易数量
不定	transaction	char[]	交易详情

从原始数据中读取的流程大概如下：

（1）读取 4 个字节，比对 magic_number；

（2）一旦匹配，读取后 4 个字节，得到块的大小 m；

（3）读取后面 m 个字节，得到区块的数据；

（4）返回第一步，读取下一个区块。

C++版本实现定义：

```
class CBlock : public CBlockHeader
{
public:
    // network and disk
    std::vector<CTransactionRef> vtx;

    //...部分代码省略...
}
```

区块头 block-header 固定 80 字节大小，结构如表 1.2 所示。

表 1.2　区块链的区块头数据结构

大小/B	变量名称	数据类型	描述
4	version	int32_t	版本号
32	previous_block_hash	char[32]	前一个区块的哈希
32	merkle_root_hash	char[32]	区块内所有交易的 Merkle 树根哈希
4	time	uint32	Unix 时间戳，矿工挖矿的时间
4	nBits	uint32	该块的标题哈希必须小于的值
4	Nonce	uint32	随机值，用于产生满足难度的哈希

区块头定义（C++版本）如下。

```
/** Nodes collect new transactions into a block, hash them into a
hash tree,
    * and scan through Nonce values to make the block's hash satisfy
proof-of-work
    * requirements.  When they solve the proof-of-work, they broadcast
the block
    * to everyone and the block is added to the block chain.  The first
transaction
    * in the block is a special one that creates a new coin owned by
the creator
    * of the block.
    */
class CBlockHeader
{
public:
    // header
    int32_t nVersion;       /* 版本号,指定验证规则(indicates which set
of block validation rules to follow) */
    uint256 hashPrevBlock;  /* 前一区块哈希（实际计算时取的是前一区块头
哈希）(a reference to the parent/previous block in the blockchain)*/
    uint256 hashMerkleRoot; /* Merkle 树根哈希(a hash (root hash) of
the Merkle tree data structure containing a block's transactions)*/
    uint32_t nTime;  // 时间戳(seconds from Unix Epoch)
    uint32_t nBits;  /* 区块难度(aka the difficulty target for this
block)*/
    uint32_t nNonce; // 工作量证明 Nonce(value used in proof-of-work)

    // ...部分代码省略...
}
```

上面区块头的 hashMerkleRoot 字段就是 Merkle 树根哈希，Merkle 树是一种基于哈希指针的树状结构，是区块链中最重要的数据结构，为整个区块提供所有交易的完整性验证。Merkle 树分为叶节点和非叶节点，叶节点存储的是每个交易的哈希，非叶节点存储的是该节点下的子节点组合起来的哈希。这种数据结构能够高效和安全地验证大量数据[7]，如图 1.3 所示。

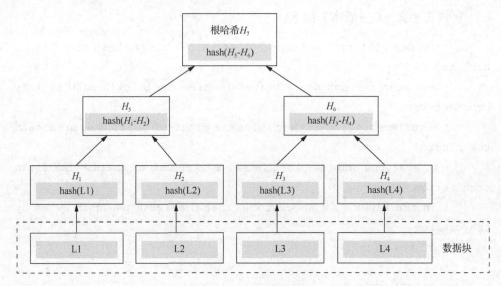

图 1.3   Merkle 树结构

下面是一个区块头的例子：

02000000 .... Block version: 2

b6ff0b1b1680a2862a30ca44d346d9e8910d334beb48ca0c000000000000000

0 ... Hash of previous block's header

9d10aa52ee949386ca9385695f04ede270dda20810decd12bc9b048aaab3147

1 ... Merkle root

24d95a54 .... Unix time: 1415239972

30c31b18 ....   Target: 0x1bc330   *

256**(0x18-3)

fe9f0864 .... Nonce

比特币交易的数据结构如表 1.3 所示。

表 1.3   比特币交易的数据结构

大小/B	变量名称	数据类型	描述
4	version	uint32	交易版本号
变长	tx_in_count	uint	交易输入数量
不定	tx_in	tx_in	交易输入
变长	tx_out_count	uint	交易输出数量
不定	tx_out	tx_out	交易输出
4	lock_time	uint32	锁定时间

交易的流程为：

（1）读取 4 个字节版本号；

（2）得到交易输入数量 n；

（3）执行 $1 \sim n$ 次循环，解析交易输入；

（4）得到交易输出数量 m；

（5）执行 $1 \sim m$ 次循环，解析交易输出。

一个示例交易数据如下：

```
01000000 ................................. Version

01 ...................................... Number of inputs
|
| 7b1eabe0209b1fe794124575ef807057
| c77ada2138ae4fa8d6c4de0398a14f3f ........ Outpoint TXID
| 00000000 ................................ Outpoint index number
|
| 49 ...................................... Bytes in sig.script:73
| | 48 .................................... Push 72 bytes as data
| | | 30450221008949f0cb400094ad2b5eb3
| | | 99d59d01c14d73d8fe6e96df1a7150de
| | | b388ab8935022079656090d7f6bac4c9
| | | a94e0aad311a4268e082a725f8aeae05
| | | 73fb12ff866a5f01 ..................... Secp256k1 signature
|
| ffffffff ................................ Sequence number:
uint32_MAX
01 ...................................... Number of outputs
|     f0ca052a01000000       ...................... Satoshis
(49.99990000 BTC)
|
| 19 ...................................... Bytes in pubkey
script: 25
| | 76 .................................... OP_DUP
| | a9 .................................... OP_HASH160
| | 14 .................................... Push 20 bytes as data
| | | cbc20a7664f2f69e5355aa427045bc15
| | | e7c6c772 ............................. PubKey hash
| | 88 .................................... OP_EQUALVERIFY
| | ac .................................... OP_CHECKSIG

00000000 ................................. locktime: 0 (a block
height)
```

交易中使用可变长度整数来表示下一条数据中的字节数。对于不同的数值，存储的空间不一样。对于 0～255 的值，只占用一个字节；对于其他小于 0xffffffffffffffff 的值，第一个字节将成为长度标识位。值和存储空间的关系如表 1.4 所示。

表 1.4　值和存储空间的关系

值	存储空间/B	数据类型
>=0 && <=255	1	uint8_t
>=256 && <=0xffff	3	后 2 个字节 uint16_t
>=0x10000 && <=0xffffffff	5	后 4 个字节 uint32_t
>=0x100000000 && <=0xffffffffffffffff	9	后 8 个字节 uint64_t

每个非矿工账户（coinbase）的交易输入都是之前某个交易的交易输出。交易输入的结构如表 1.5 所示，交易输出的结构如表 1.6 所示。

表 1.5　交易输入的结构

大小/B	变量名称	数据类型	描述
32	previous_output_hash	outpoint	前置交易哈希
4	previous_output_index	uint32	前置交易指数
变长	script_bytes	uint	解锁脚本长度
不定	signature_script	char[]	解锁脚本
4	sequence	uint32	序列号

表 1.6　交易输出的结构

大小/B	变量名称	数据类型	描述
8	value	int64	花费的数量，单位是聪
1+	pk_script_size	uint	公钥脚本中的字节数量
不定	pk_script	char[]	花费这笔输出需要满足的条件

■ 1.3　比特币的共识机制

比特币是虚拟货币的一种，其产出依赖于矿工在比特币网络中开展的一个关于哈希函数的"竞猜"过程，赢得竞猜的矿工可以得到若干比特币作为奖励。

1.3.1　拜占庭将军问题

拜占庭将军问题（Byzantine generals problem），是由 Leslie Lamport 在其论文

中描述分布式系统一致性问题（distributed consensus）时提出的分布式 P2P 通信容错问题。拜占庭将军问题是指"在不可靠信道上，存在消息丢失的情况，若想达到信息的一致性，试图通过消息传递的方式来实现是不可能的"。因此，在系统中除了存在消息延迟或者没有送达的故障等错误，还包括消息被篡改、节点不按照协议进行处理等问题，将可能会对系统造成针对性的破坏。

上面的解释有些晦涩难懂，接下来，我们用一个故事（非真实）来解释一下"拜占庭将军问题"[8]。

很久以前，战火不断，拜占庭帝国遭受四面八方的敌人入侵，为了抵御来自各个方向的敌人，其派出了 9 支军队守卫边疆。由于敌人十分强大，任何一支军队都无法单独对抗它，需要至少 5 支军队同时进攻才能打败它。由于军队之间相隔太远，他们之间的通信由信使来完成。但将军们不清楚是否存在内奸，即传递的信息（进攻意向和时间）存在造假的可能性，那么在这种情况下，拜占庭将军们如何才能使至少 5 支军队在同一时间一起发起进攻，进而取得胜利？

我们分两种情况来讨论该问题，军队之中不存在内奸，以及军队之中存在内奸。

如果军队之中不存在内奸，将军甲提议"明日上午 10 点发起进攻"，然后由信使分别告诉其他的将军，假设一切顺利，那么将军甲收到了另外 4 位以上的将军的同意，一起发起进攻。假设不顺利，当中有两位将军乙和丙也在同一时间发出了不同的进攻提议（例如，明日上午 10 点/11 点再进攻），因为时间上存在差异，不同的将军收到（并同意）的进攻提议可能是有区别的，这时可能出现甲提议有 3 个支持者，乙提议有 2 个支持者，丙提议有 1 个支持者等等，不能满足最少 5 个军队一起进攻的条件。如果军队之中存在内奸，此时内奸会向不同的将军传递不同的进攻提议（例如通知甲明日上午 9 点进攻，通知乙明日下午 3 点进攻等等），与此同时，同一个内奸也可能同意多个进攻提议（既同意上午 9 点进攻又同意下午 3 点进攻）。

拜占庭将军问题默认通信兵能够准确传递信息，传递消息的信道没有问题，即不考虑通信兵是否会篡改信息或者通信兵无法传达信息等问题。把拜占庭将军类比到比特币系统中，即：把将军当作计算机的节点，把信使当作通信系统，拜占庭将军问题的核心是怎样才能在可能存在不可靠节点和不可靠通信的情况下交换信息，并且达成共识。

研究结果表明，如果其中叛徒的数量大于等于军队总人数的三分之一，那么拜占庭将军问题将变得不可解。因此，拜占庭将军问题本质性的问题有两个："一致性"和"正确性"。而它之所以难解，其中有两个重要的原因：没有加密的信息，容易被破解、冒充和伪造；节点恶意行为影响共识的成本很低。

那么，比特币系统是如何解决拜占庭问题的呢？

1.3.2　比特币的共识机制

比特币采用一种共识机制来判断谁记账，该共识机制称为"工作量证明"（proof of work，PoW）。所谓共识机制是指区块链系统中，所有节点都对以下内容达成一致的共识：经过某种竞争机制，某一时间段内的记账权利，由特定的一个节点来实现，记账完毕后，所有节点按照记账结果更新自己的账本。需要指出的是，目前区块链系统有很多种，其共识机制也各有不同。

在了解 PoW 共识机制前，我们先重温一下比特币区块的结构，图 1.4 是比特币区块的结构图。

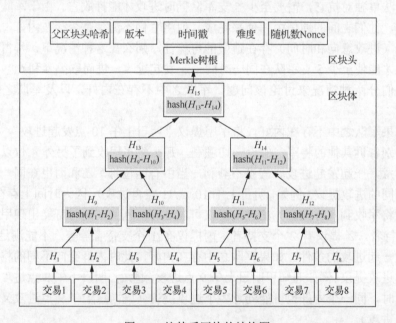

图 1.4　比特币区块的结构图

从图 1.4 可知，比特币的结构分为区块头和区块体，其中区块头细分为以下几种[9]。

父区块头哈希：前一区块的哈希，使用 SHA256(SHA256(父区块头))计算，占 32 字节。

版本：区块版本号，表示本区块遵守的验证规则，占 4 字节。

时间戳：该区块产生的近似时间，精确到秒的 Unix 时间戳，必须严格大于前 11 个区块时间的中值，同时全节点也会拒绝那些超出自己 2 小时时间戳的区块，占 4 字节。

难度：该区块 PoW 算法的难度目标，已经使用特定算法编码，占 4 字节。

随机数 Nonce：为了使设定的随机数满足难度目标，以及为了解决原本 32 位随机数在算力急速增加时不够用的问题，规定时间戳和矿工账户交易信息均可更改，以此扩展随机数 Nonce 的位数，占 4 字节。

Merkle 树根：该区块中交易的 Merkle 树根哈希，同样采用 SHA256(SHA256()) 计算，占 32 字节。

综上，区块头总共占了 80 字节。

比特币的任何一个节点，想生成一个新的区块，必须使用自己节点拥有的算力解算出 PoW 问题（图 1.5）。因此，我们先了解一下 PoW 的三要素。

（1）PoW 函数。

在比特币中使用的是 SHA256 算法函数，是密码哈希函数家族中输出值为 256 位的哈希算法。

（2）区块。

区块头和 Merkle 树的结构在 1.2 节已经做详细介绍，这里我们就介绍一下区块体的 Merkle 树算法。

（3）难度值。

关于难度值，我们直接看公式：

新难度值=旧难度值×（过去 2016 个区块花费时长/20160min）

目标值=最大目标值/难度值

新难度值解析：撇开旧难度值，按比特币理想情况平均出块时间为 10min，过去 2016 个区块的总花费接近 20160min，这样，这个值永远趋近于 1。

目标值解析：最大目标值为一个固定值，与难度系数有关，该系数每隔 2016 个区块调整一次，使得每 2016 个区块的生成时间大致相等，例如，若过去 2016 个区块花费时长少于 20160min，那么这个系数会调小，目标值将会被调大，反之，目标值会被调小。因此，生成比特币的难度和出块速度成反比。

接下来，讲解 PoW 的流程[9]。

PoW 的流程主要经历三步[10]。

（1）生成铸币交易，并与其他所有准备打包进区块的交易组成交易列表，通过 Merkle 树算法生成 Merkle 树根哈希。

（2）把 Merkle 树根哈希及其他相关字段组装成区块头，将区块头的 80 字节数据作为 PoW 的输入。

（3）不停地变更区块头中的随机数 Nonce，并对每次变更后的区块头做双重 SHA256 运算，将运算的结果值与当前网络的目标难度进行比对，若难度条件满足，则解题成功，PoW 完成。此时，矿工获得记账权，生成新区块并广播到全网。

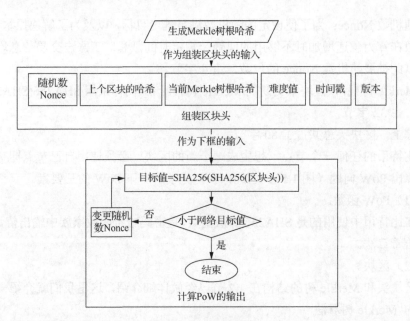

图 1.5   PoW 流程图

区块链网络使信息发送的成本增加了，并规定在一段时间内，只有一个节点可以传播信息。

该成本指的就是 PoW 机制，所谓信息发送，也就是我们所说的挖出比特币后在区块上进行的广播。在这个机制下，只有第一个完成证明（挖出比特币）的节点才能广播区块。

而实施这个方案的根据就是拜占庭容错算法。

拜占庭容错是区块链技术中的一种共识算法。

拜占庭容错算法的基本思路是：一个系统中不存在可靠的节点，当一个节点收到其他节点传递的消息之后，不必立即做出判断，只需把自己收到的消息和自己的想法一起传递给另外的节点，这样使消息在各个节点之间透明（例如甲给乙发出进攻信号，乙就将甲传递给自己的消息连同自己的想法一起发给丙，丙就可以看到甲和乙两个人的信息）。因为系统中多数是诚实的节点，所以每个人根据自己接收到的总信息进行分析，然后做出判断，最终就会大大降低出现差错的可能性。

据研究表明，假设系统中的节点数为 N，那只有当不诚实节点的数量为 $F=(N-1)/3$ 时，系统正常运行才会受到影响。

目前，比特币网络上拥有超过三万个稳定节点，未来会更多。攻击这些节点所需付出的代价是非常高的。因此，即使系统中有恶意的节点存在，但只要好的节点占大多数，就完全可以达成去中心化的共识（consensus）。

可以说，比特币为拜占庭将军问题提供了一个解决方案，而这个方案，可以推广到所有核心问题是分布式网络缺乏信任的领域。

1.3.3 矿工与挖矿

区块链是由很多个节点组成的，为了确保各个节点之间的同步，每一个新区块的添加速度不能太快。例如，你刚刚同步了一个区块，准备基于这个区块生成下一个区块，但这时别的节点又有新区块生成，你不得不放弃做了一半的计算，再次去同步这个新区块。由于在每个区块的后面只能接着一个区块，每个人永远只能在最新区块的后面生成下一个区块。所以，每个人一听到信号，就必须立即同步[11]。

因此，比特币系统的发明者中本聪故意使添加新区块变得非常困难。根据他的设定，全网平均每 10min 才能生成一个新区块。生成新区块的速度不是由命令控制的，而是有意设置了巨量的计算。只有通过极其复杂的计算，才能获得当前区块有效的哈希，从而把生成的新区块添加到区块链上。由于计算量巨大，所以速度快不起来。这个计算有效哈希的过程就叫作挖矿。那么为什么计算有效哈希很复杂，同时计算量又很大呢？因为比特币系统对有效哈希提出了非常苛刻的条件，即：需要找到一个 32 位的随机数 Nonce，将其与当前区块头组合之后，求得有效哈希，使得该有效哈希小于某一个特定的数（这个数又称为难度值，可以不断地动态调整，从而保证全网的计算机可以在 10min 左右生成一个区块），也就是说，要让有效哈希的前若干位为零。而哈希函数的隐匿性保证了现有的计算机水平无法实现对哈希函数进行逆向求解（可以回顾 1.2.1 节的哈希函数），只能是不断将 32 位的 Nonce 一个一个地穷举。如果在未来的某一天，哈希函数从数学上被证明可以逆向求解，或者未来电脑的计算能力有了突破式的增长，使得对哈希函数的穷举可以很快完成，那恐怕就是比特币系统被破解的日子。

通过图 1.5 可知，区块头里的上个区块的哈希、当前 Merkle 树根哈希、难度值、时间戳、版本，都是已经被确定的，只有随机数 Nonce 是需要由矿工计算得到的。不同的随机数会造成不同的区块头，进而产生不同的哈希，将不同随机数对应的不同哈希与难度值进行比较，当所有矿工中的某一个幸运儿得到小于难度值的特定哈希所对应的随机数 Nonce 时，就是该区块被成功"挖出"的时候。

由于 Nonce 是一个随机值，而矿工的工作就是找出 Nonce 的值，使得区块头的哈希可以小于目标值，从而能够写入区块链。Nonce 是极其难猜的，目前只能通过穷举法一个个试错。根据协议，Nonce 是一个 32 位的二进制值，即最大可以到 21.47 亿。实际操作中，目前第 100000 个比特币区块的 Nonce 值是 274148111，可以理解成，矿工从 0 开始，一直计算了 2.74 亿次，才得到了一个有效的 Nonce 值，使得算出的哈希能够满足条件。

如果矿工运气好的话，也许只用一会儿就找到了 Nonce。如果运气不好的话，可能算完了 21.47 亿次，都没有发现 Nonce，即当前区块体不可能算出满足条件的哈希。这时，协议允许矿工改变区块体，开始新的计算。

采矿具有很大的随机性，没办法保证刚好 10min 就能产出一个区块，有时候只要 1min 就算出来了，有时候可能几个小时也没结果。总体来看，随着硬件的升级和矿机的数量增加，计算速度只会越来越快。

为了使区块生成速度恒定在 10min 每块，中本聪还设计了一个难度系数的动态调节机制。他规定，难度系数每两周（2016 个区块）调整一次。如果这两周里面，区块的平均生成速度是 9min 每块，就意味着比法定速度快了 10%，因此接下来的难度系数就要调高 10%；如果平均生成速度是 11min 每块，就意味着比法定速度慢了 10%，因此接下来的难度系数就要调低 10%。

由于难度系数越调越高（目标值越来越小），采矿越来越难。

这时，有人就会问，既然区块链是去中心化的，这个难度是由谁来调节的呢？难度的调整是在每个完整节点中独立自动发生的。每 2016 个区块中的所有节点都会进行难度调整。难度的调整公式是比较最新 2016 个区块的花费时长和 20160min（14 天）从而得出的。难度根据实际时长与期望时长的比值进行相应的调整（或变难或变易）。简而言之，假如区块的平均出块时间比 10min 要短时，会降低难度，反之则增加难度。

由此可见，挖矿极其不易，但为什么还有人愿意做矿工呢？因为比特币协议规定，每个挖到新区块的矿工都可以获得奖励，一开始（2008 年）有 50 个比特币，然后每过 4 年就会减少一半，目前（2021 年）就变成 6.25 个比特币。这就是比特币的供给增加机制，这样就可以在流通中产生新增的比特币。

由此可见，在比特币中每过 4 年奖励就会减半，由于比特币数值可以精确到小数点后八位，那么到了 2140 年，所有矿工将得不到奖励，同时，比特币的数量也将停止增加。此后，矿工的收益只能依靠交易手续费了。

所谓交易手续费，是指矿工从每笔交易中收取提成，矿工抽成的金额由支付方自愿决定。你也可以一分钱也不给矿工，但是如果那样的话，就没人处理你的交易，导致交易迟迟无法写入区块链，交易无法得到确认。因为矿工们总是优先处理手续费最高的交易。

目前由于比特币交易的数量越来越多，交易的手续费也越来越高，一个区块2000 多笔交易的手续费总额可以达到 3～10 个比特币。如果你的手续费给低了，交易可能过了一个星期都得不到确认。

因此，如果一个区块的奖励金为 6.25 个比特币，再加上手续费，收益是相当可观的。所以才会有那么多人去挖矿[11]。

1.4　比特币的缺点

作为第一代区块链技术的代表，比特币有以下缺点[12,13]。

（1）高昂的手续费。

现在比特币的转账成本非常高，如果想半小时内确认，需要不菲的手续费，未来挖矿奖励每四年减半一次，使得未来手续费将成为矿工的主要收入，这也将逐步推高比特币的交易手续费。

（2）维护系统需要极大的成本。

2020 年，比特币挖矿的年耗电量大约是 121.36TW·h。

（3）交易平台的脆弱性。

区块链网络十分健壮，但比特币交易平台很脆弱。交易平台通常是一个网站，这个网站会被黑客攻击，或者被主管部门关闭，而数字货币被盗是无法追回的。

（4）确认时间长。

比特币钱包初次安装时，会消耗大量时间下载历史交易数据块。并且在比特币交易时，会消耗一些时间去确认数据的准确性，与 P2P 进行交互，得到全网确认后，交易才算完成。

（5）价格波动极大。

由于炒比特币的人越来越多，导致比特币兑换现金的价格极其不稳定。

（6）广泛的非法用途。

比特币去中心化以及匿名的特点，使其不容易被监管。从而被很多不法分子应用到黑市交易、洗钱、博彩等领域，给比特币"抹黑"，造成了很恶劣的影响。但这并不是比特币应有的作用，同样也不是中本聪的本意。

参考文献

[1] 中本聪. 比特币白皮书：一种点对点的电子现金系统[EB/OL]. (2008-10-31)[2019-05-04]. https://www.8btc.com/wiki/bitcoin-a-peer-to-peer-electronic-cash-system.

[2] 比特币(Bitcoin)[EB/OL]. (2019-09-23)[2019-09-30].https://www.zhihu.com/topic/19600228/intro.

[3] 我们为什么需要区块链 [EB/OL]. (2018-06-21)[2019-01-24]. https://www.jinse.com/blockchain/695898.html.

[4] 用人话解释比特币原理 [EB/OL]. (2016-12-27)[2019-06-22]. https://www.cnblogs.com/vcerror/p/4289120.html.

[5] 比特币原理详解[EB/OL]. (2019-10-29)[2019-11-06]. https://blog.csdn.net/zcg_741454897/article/details/102796022.

[6] 比特币的数据结构分析[EB/OL]. (2018-03-14)[2019-02-03]. https://blog.csdn.net/weixin_41545330/article/details/79551881.

[7] 比特币核心数据结构[EB/OL]. (2019-08-05)[2019-11-03]. https://www.cnblogs.com/s-lisheng/p/11301131.html.

[8] 比特币和拜占庭将军问题[EB/OL]. (2019-05-21)[2019-10-02]. https://www.8btc.com/article/5753.

[9] 区块链共识技术一：PoW 共识机制[EB/OL]. (2018-05-06)[2019-07-01]. https://www.jianshu.com/p/1026fb3c566f.

[10] 哈希函数与比特币共识算法 PoW[EB/OL]. (2019-06-15)[2019-08-22]. https://mp.weixin.qq.com/s/HscR67wINttG4OfP0NkYdg.

[11] 挖矿与矿工[EB/OL].(2019-08-23)[2019-09-30]. https://www.jianshu.com/p/acd8ebff59eb.

[12] 比特币致命的三个缺点[EB/OL].(2018-01-07)[2019-03-16]. https://zhuanlan.zhihu.com/p/32131183.

[13] 比特币的优点和缺点[EB/OL]. (2018-07-31)[2019-09-15]. https://www.zhihu.com/question/283138237.

第 2 章

第二代区块链与以太坊

第一代区块链的代表应用是比特币，它是一种完全点对点去中心化的数字货币，并且基于 PoW 可以使人们就交易顺序达成共识，解决了困扰去中心化数字货币已久的双重支付问题。现在我们应该更多考虑的是扩展区块链技术的应用层面，即如何将区块链技术应用到货币以外的领域。以太坊的诞生标志着第二代区块链的来临，以太坊除了支持数字货币的交易外，它还支持智能合约这一重要领域，所谓智能合约即用户可以自己编写几行代码来制定自己想要的任意复杂程度的合约规则，并且去中心化地执行。以太坊的诞生为区块链可以应用到高级领域开了先河，可谓意义重大。

2.1 节主要介绍以太坊的核心概念、以太坊客户端以及以太坊钱包，其中客户端着重介绍了 Geth 的安装及基本使用方法，使读者对以太坊有个初步的认识并且能够搭建以太坊私链，在私链上能够完成创建账户、挖矿、转账等操作，以太坊钱包主要介绍了基于谷歌浏览器的 MetaMask 钱包以及它的安装流程。2.2 节主要从智能合约的理论概念、工作原理、应用场景三方面来介绍第二代区块链的标志——智能合约。2.3 节首先介绍了编写智能合约的 Solidity 语言，其次介绍了编写调试智能合约的 Remix 平台的使用方法，最后以实战为目的带领读者在 Remix上编写测试 3 个智能合约案例，分别是 Hello World 合约、众筹合约及投票合约，2.3 节部署测试了这些合约的可用性，并通过 MetaMask 钱包将合约部署到以太坊Ropsten 测试网（也可以随时部署到以太坊主网）。

■ 2.1 为什么要有以太坊？

比特币作为去中心化加密数字货币的第一次成功尝试，已经非常有时代意义，是区块链技术应用的先驱。但是作为区块链技术的第一个应用也难免有一些缺点，比如比特币系统一个区块的出块时间长达 10min，这很明显是一个低效率的处理交易速度，再者比特币中的 PoW 机制使得矿工花费大量电力，浪费资源，并且所做的"数学难题"毫无意义，最关键的是比特币网络正如它的名字一样，最后落在了币这个字眼儿上。然而区块链技术的本质是创建了一个去中心化的网络，各点可以安全地传输某种事件，然而这个事件不仅限于"币"。它可以是债务的凭证，可以是公司的股票，甚至可以是由你定义的任何事情。对于比特币网络，区块链技术应用还有很多可以扩展的空间。而以太坊就实现了这些可扩展的空间，它支持智能合约这一重要应用，使用户可以点对点完成各种事件，并且以太坊的出块速度达到了 15s 一个区块，交易效率大幅上升，共识机制也逐渐从 PoW 转向效率更高更环保的权益证明（proof of stack，PoS），所以以太坊的出现是区块链技术发展的必经之路，也标志着第二代区块链的来临。

以太坊是第二代区块链的代表项目，其地位就好比第一代区块链的比特币，以太坊沿用了第一代区块链中已经实践证明行之有效的技术与机制，如非对称加密、哈希算法、共识机制等，在此之上以太坊也加入了一些自身的独特创新，本节将主要介绍以太坊与以太坊中的核心概念，以及以太坊的客户端 Geth 与以太坊钱包 MetaMask 的安装，使读者初步了解以太坊，并且能够搭建以太坊私链，完成创建账户、挖矿、转账等操作。

2.1.1　什么是以太坊？

以太坊（Ethereum）是一个运行智能合约的去中心化区块链平台，而智能合约是运行在以太坊虚拟机上的逻辑代码，这些代码的内容可能制定了一些规则，其内容就像我们现实的合同一样，而与现实合同不一样的是这些智能合约防审查、防停机、防篡改、公开透明，并且只要满足合约条件，合约就一定会执行，就像一个自动化的合同，排除了第三方的干扰。

在以太坊中，智能合约一般用 Solidity 语言编写，不用担心它是个陌生的语言，它的语法与 JavaScript 非常类似，是基本的面向对象语言，非常容易上手，在后面也会给出智能合约的实例。

像比特币一样，以太坊也有内部货币，叫作以太币，以太币的作用主要在于部署和调用智能合约。

2.1.2　以太坊的账户模型

在比特币中选用的是 UTXO 模型，比如有一个用户叫作 Bob，他拥有若干 UTXO（代表在 Bob 手中没有花出去的资产），每笔资产会是一个独立的 UTXO 的记录，使用 UTXO 模型的好处是转账非常方便，比如 Bob 要进行转账，那么就看他有多少 UTXO，把他所拥有的 UTXO 放到交易里就可以了。由于比特币的校验机制，也就是每一笔交易的输入，必须是另外一笔交易的输出，并且该输入不能在两个交易里面出现，所以在比特币交易中很容易抑制双花问题（一笔资产同时花费到两个地方）。

而以太坊为了更契合状态保存和可编程性舍弃了比特币中的 UTXO 模型，采用更容易理解的账户（account）模型，账户模型类似于我们日常生活中银行的概念，比如我们在银行开了一个账户，它会记录我们的账户名称（以太坊的地址），也会记录我们的余额。在以太坊里，回溯一个账户的所有交易会非常麻烦，因为在以太坊里面只会记录最终余额，但在比特币里面，每一笔 UTXO 的输入都会记录成其他 UTXO 的输出，所以 UTXO 模型针对溯源问题是非常方便的。虽然对于溯源问题账户模型不如 UTXO 模型，但是相比存储大量的 UTXO，以太坊的账户模型仅仅记录最终的余额状态就可以，这使得账户模型占用的空间更少。在比特币交易中会计算用户有多少 UTXO，把这些 UTXO 一个个加到一起才是余额，而以太坊在查看余额在进行转账操作时，只需判断余额是否大于要转账的金额即可触发这笔交易。因此以太坊的账户模型更加节省空间，进行转账操作时也更加方便。

除了节省空间提高交易效率外，以太坊采用账户模型的主要原因还是其支持智能合约，支持更复杂的逻辑计算，可编程性使得以太坊不会选择存储那么多麻烦的 UTXO。在以太坊中有外部账户和合约账户两种，其中外部账户就相当于用户账户，由公钥生成，由私钥控制。合约账户由合约代码进行控制，当我们写好一个智能合约后，每部署一次就产生了一个合约账户。外部账户与合约账户的特性见表 2.1。

表 2.1　外部账户与合约账户的特性

外部账户特性	合约账户特性
所有者为外部实体	所有者为智能合约
账户对外可见	账户对外可见
账户内容为余额	账户内容为合约代码

2.1.3　以太坊虚拟机

以太坊虚拟机（Ethereum virtual machine，EVM）是以太坊智能合约代码的运行环境。EVM 类似 Java 语言中的 Java 虚拟机，是用来运行在以太坊兼容的字节码的软件程序，假设我们用以太坊规定的 Solidity 语言编写了一个智能合约，该程序就会通过 Solidity 编译器，生成在以太坊可以识别的字节码。

与比特币不同的是，以太坊是图灵完备的。图灵完备是一个可计算性的相关概念，在可计算理论里面，一系列的操作数据的规则，比如指令集、编程语言、自动机，可以用来模拟单带的图灵机，那么它就是图灵完备的。在比特币里它不提供一个图灵完备的脚本语言，例如它没有一些循环、条件结构，所以比特币是非图灵完备的。但是在以太坊由于 EVM 的存在，支持了任意难度的算法代码，支持合约代码中常用的循环、条件结构，实现了以太坊的图灵完备性。EVM 嵌入在用户下载的以太坊客户端中，整个以太坊网络的节点都在运行 EVM，每个节点的 EVM 都执行所有的合约代码，做着同样的计算，并存储最终状态。

2.1.4　以太币

以太坊区块链上的代币称为以太币（ether，ETH），它是以太坊上用来支付交易手续费和运算服务的媒介[1]。以太币在以太坊中的作用非常大，以太坊之所以能够长期稳定地运行与发展，都是因为有以太币的存在，用以太币作为激励，以太坊区块链中的矿工才愿意挖矿，付出算力。

以太币的作用主要有两个：

（1）支付交易手续费；

（2）奖励矿工。

以太币作为以太坊区块链中专用的加密货币，就像 1 比特币（BTC）可以换算成 100000000 聪一样，以太币也有自己的单位与转换关系。以太币最常用的两个单位分别是最小单位 wei 和最大单位 ether，我们可以发现以太币本身的名字 ether 也是其最大的表示单位。其中 1ether = 1000000000000000000wei，以太币也有很多中间单位，这些单位以对加密货币或网络领域的贡献者命名，如 Finney、Szabo。表 2.2 给出以太坊中以太币的常用单位换算关系。

表 2.2　以太坊中以太币的常用单位换算

以太币单位	ether 与其他单位换算关系
ether	1
Finney	1000
Szabo	1000000
Gwei	1000000000
Mwei	1000000000000
Kwei	1000000000000000
wei	1000000000000000000

2.1.5　以太坊中的燃料

在以太坊中除了以太币，还引入了燃料（Gas）的概念，在现实中燃料是为了发动汽车，在以太坊中 Gas 是为了运行以太坊中的交易。此外为了 Gas 和 ether 之间的转换，Gas 还派生出了 GasPrice 和 GasLimit 的概念，下面对这三个概念分别介绍。

（1）Gas。

Gas 是以太坊网络中运行交易的计算工作单位，用以衡量执行某些动作需要多少工作量，我们可以理解为是一个数量。

（2）GasPrice。

Gas 是给矿工的奖励，以以太币方式支付，所有的交易执行，都需要消耗一定量的 Gas，那么具体奖励矿工多少以太币呢，这就要涉及 GasPrice，它可以理解为 Gas 的单价。那么很明显最终的以太币（ether）=Gas × GasPrice。（总价=数量×单价）。

（3）GasLimit。

GasLimit 即 Gas 交易量的上限，我们知道每一笔交易的执行都需要消耗一定量的 Gas，由于以太坊网络中的语言是图灵完备的，它支持循环结构，一旦需要执行的智能合约中有死循环，就会一直消耗 Gas，并且每个节点的 EVM 无法执行完这个死循环合约导致无法处理新的代码与逻辑。因此需要一个 Gas 上限，即 GasLimit 来避免无限消耗 Gas，顺利执行所有合约，防止有人故意作恶。一旦需要消耗的 Gas 超过 GasLimit 值，那么此次交易将失败回滚，并且已经消耗的 Gas 不会返还，但是依旧会奖励矿工，因为矿工已经付出了算力。

2.1.6　以太坊的共识机制

共识问题在区块链这种去中心化的分布式系统中是至关重要的问题，在互不信赖的环境中，我们需要一种共识机制来创建出可以信赖的系统，保证系统内部的所有远程进程都回馈相同结果，进而确保区块链系统的安全性与公平性。在第一代区块链系统中常用的共识机制是 PoW，一种通过付出大量算力计算"数学难题"来取得区块记账的权利的共识机制，以太坊虽然主要沿用比特币的模型，但是其共识机制计划将 PoW 逐步转化为 PoS。

以太坊团队计划将以太坊项目将经历四个阶段：Frontier（前沿）、Homestead（家园）、Metropolis（大都会）和 Serenity（宁静）。在前沿和家园阶段以太坊采用的共识机制与比特币一样为 PoW，目前正处于的大都会阶段采用的是 PoW 和 PoS 混合机制，在未来的宁静阶段以太坊计划将共识机制完全转变为 PoS。

以太坊之所以要采用新的共识机制是因为比特币模型的共识机制 PoW 存在很多问题。首先 PoW 共识机制的共识周期长、效率低、浪费大量电力和中央处理器（central processing unit，CPU）资源，矿工付出的算力毫无社会意义，仅仅保障比特币的安全；其次 PoW 这种通过计算找到满足条件的随机数的方案使得存在矿池算力高度集中的情况，背离了去中心化的初衷。从另一方面讲，PoW 作为区块链中实现去中心化的关键步骤，的确有效保证了区块链的安全性，这一点无可厚非，但是共识机制的改进与新的共识机制的开发也是区块链发展的必经之路。

PoS 的概念就是一节点拥有新区块的记账权的概率与该节点的权益成正比，节点拥有的权益越大，那么它拥有该区块记账权的概率也就越大，这里的权益可以是在以太坊中拥有的数字货币的余额，也可以是预先投入的其他资源。使用 PoS 通过节点的权益来决定记账权也就避免了全节点计算"数学难题"来竞争记账权的情况，节省了大量资源。以太坊采用的 Casper 协议是 PoS 机制中的一种，它规定验证者提供的权益即为它们的抵押金，如果该拥有记账权的节点出现违规行为，那么系统将没收它的权益。这有效防止了 51% 的攻击，没有节点愿意自己的权益被没收。

通常来说 PoS 运行的过程如下：

（1）PoS 机制会选取持币节点作为一个新区块的候选验证者；

（2）PoS 算法根据权益的大小从候选验证者中选取一个节点作为区块的记账者；

（3）如果在一段时间内没有生成新的区块，PoS 机制会选取新的验证者，给予它区块的记账权。

在 PoS 中权益的权衡不仅仅是单纯考虑财产，还要基于币龄因素的考虑，币龄这一概念其实早在中本聪的比特币系统中就存在，它被定义为货币持有的时间段。币龄这一因素在 PoW 中并没有起到安全保护的作用，但是在 PoS 中，用户的权益需要考虑币龄因素，如果一个用户拥有十个以太币，并且持有 10 天，那么该用户就积累了 100 天的币龄，一旦这十个以太币被消费，那么这十个以太币积累的币龄也就清零，该用户拥有的权益比重也就下降。

在比特币的 PoW 机制中，由于巨大矿池的算力突出，其容易主导新区块的记账权，从而背离去中心化的初衷，在 PoS 中，同样要解决的是如何避免总是简单地让持有最多权益的矿工挖出下一个区块，为了解决这个问题，基于权益之上还可使用很多算法决定记账权，例如随机区块选择和基于币龄的选择。

2.1.7 Ghost 协议

Ghost 协议是一种针对以太坊中出现分叉问题的解决方案，它有利于以太坊分叉的快速合并。我们知道在比特币系统中，对于分叉问题的解决方案是选择最长链原则。但是在以太坊网络中，由于平均出块时间大大缩短（由 10min 一个区块降到 15s 一个区块），在这 15s 内，一个新的区块很大可能还没有扩散到整个以太坊网络，并且多个节点同时挖出新的区块，导致以太坊分叉情况比比特币严重得多。假设在同一时间有多个矿工挖出新的区块，如果以太坊单纯沿用比特币中最长链的原则，在这 15s 内，由于多个矿工新发布的区块并没有充分的时间散播到整个以太坊网络，这就导致了在网络中算力较大、地理位置优越、其网络能够与更多节点相连的矿池，往往能更快地在网络中散播区块，因此在发生分叉时，它所在的分叉能够成为最长链，进而成为主链，这也侧面造成了网络中的中心化与不公平。在这种情况下，其他算力相对较低、地理位置偏僻的矿池或单个节点就得不到出块的奖励，长此以往，这些"优势"较小的矿工与矿池就不愿意合并到"优势"较大矿池的分叉上，因为合并就意味着白费劳动得不到奖励，还不如继续在自己的分叉上继续挖矿，运气好还有希望成为主链。很明显，以太坊这种快速出块的网络如果沿用最长链原则，很不利于分叉问题的快速合并，进而影响区块链的共识。

在以太坊中我们把矿工成功挖矿与封装但是没有被纳入主链的区块称为叔块（如图 2.1 中的叔块 3A、叔块 3B、叔块 3C、叔块 3D），与比特币不同的是，这些叔块基于以太坊中的 Ghost 协议工作下是有奖励的。如图 2.1 Ghost 协议工作示意图所示，假设大型矿池先挖掘出了区块 3，它会广播该区块 3 到全网，由于以太坊出块时间为 15s，区块 3 并未充分广播，其他节点会继续挖矿，有多个节点挖出叔块 3A、叔块 3B、叔块 3C、叔块 3D（此时还没有确定主链，所以这些区块还没有成为叔块），挖出区块 3 的大型矿池为了合并其他分叉以确保其主链地位会在挖掘的区块 4 上添加两笔"招安信息"（一个区块最多只能"招安"两个叔块），如果叔块 3A、叔块 3B 放弃自己的分叉，合并到区块 4 中，挖掘叔块 3A 和叔块 3B 的矿工都会获得出块奖励的 7/8，由于每个区块最多只能"招安"两个叔块，那么区块 5 会"招安"叔块 3C 和叔块 3D，但是挖掘叔块 3C 和叔块 3D 的矿工只能得到出块奖励的 6/8，依此类推，直到间隔 8 代以后的叔父区块不会再获得奖励。而"招安成功"的挖掘区块 4 和区块 5 的矿池会额外获得 1/32 的出块奖励。

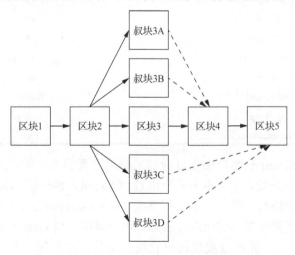

图 2.1　Ghost 协议工作示意图

以太坊的 Ghost 协议通过奖励分叉区块，大大加速了分叉区块的快速合并，确保只有一条链是主链，在上面的例子中，区块 4、区块 5、叔块 3A、叔块 3B、叔块 3C、叔块 3D 获得的奖励如表 2.3 各区块获得奖励情况。

表 2.3　各区块获得奖励情况

区块号	获得奖励
区块 4	33/32 的出块奖励
区块 5	33/32 的出块奖励
叔块 3A	7/8 的出块奖励
叔块 3B	7/8 的出块奖励
叔块 3C	6/8 的出块奖励
叔块 3D	6/8 的出块奖励

2.1.8　以太坊客户端

以太坊客户端即以太坊中网络节点之间进行通信来实现，对去中心化的区块链项目来说，节点即区块链中的一切。通过下载安装以太坊客户端你可以实现接入以太坊主网、进行账户管理、转账以太币、挖矿、部署智能合约等各方面的功能。目前以太坊提供了多种语言开发的客户端，具体客户端名称与对应开发语言如表 2.4 所示。

表 2.4　以太坊客户端及开发语言

客户端名称	开发语言
Go-Ethereum	Go
Parity	Rust
Cpp-Ethereum	C++
Ethereumjs-lib	JavaScript
Ethereum(J)	Java
EthereumH	Haskell
pyethapp	Python
ruby-Ethereum	Ruby

由于 Go-Ethereum 客户端是目前以太坊最主流的客户端，大多数开发者用 Go-Ethereum 进行开发，因此本书只介绍 Go-Ethereum 客户端。Go-Ethereum 简称 Geth，用 Go 语言编写，是一个命令行界面（command line interface，CLI）应用，所以 Geth 的使用需要基本的命令行基础。用户可以安装 Geth 来接入以太坊网络成为一个完整节点，并可以实现账户管理、交易、挖矿等一些基本操作。目前 MacOS、Linux 和 Windows 操作系统都支持 Geth 的安装，对于三种操作系统的 Geth 安装都可以访问 https://geth.ethereum.org/ downloads/进行了解。在写本书时，Geth 的最新版本为 1.8.27。访问 https://geth.ethereum.org/docs/可以了解更多关于 Geth 的详细资料。

（1）安装 Geth。

访问 https://geth.ethereum.org/downloads/，下拉到 Stable releases 可以看到不同操作系统的不同版本的 Geth 下载地址，以 Windows（64 位操作系统）为例，点击"Geth 1.8.27"下载并安装到一个文件夹中，下载界面如图 2.2 所示。如果直接运行 geth.exe，或者在命令行输入 geth 则连接到以太坊主网网络并开始同步区块，这样会有大量繁杂的信息出现在终端，所以并不推荐这样做。

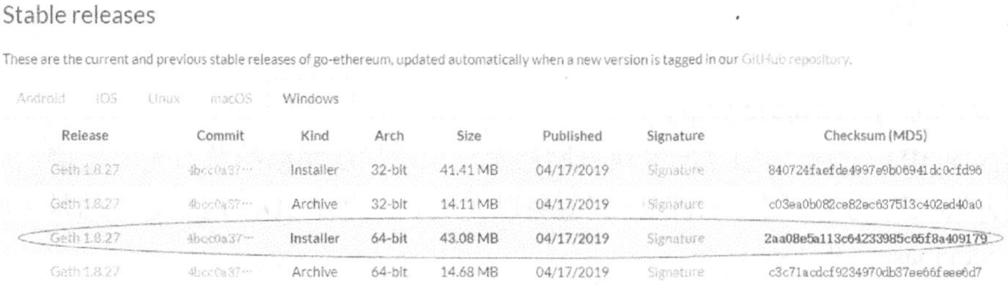

Stable releases

These are the current and previous stable releases of go-ethereum, updated automatically when a new version is tagged in our GitHub repository.

Android	IOS	Linux	macOS	Windows				
Release	Commit	Kind	Arch	Size	Published	Signature	Checksum (MD5)	
Geth 1.8.27	4bcc0a37…	Installer	32-bit	41.41 MB	04/17/2019	Signature	840724faefde4997e9b06941dc0cfd96	
Geth 1.8.27	4bcc0a37…	Archive	32-bit	14.11 MB	04/17/2019	Signature	c03ea0b082ca82ac637513c402ad40a0	
Geth 1.8.27	4bcc0a37…	Installer	64-bit	43.08 MB	04/17/2019	Signature	2aa08e5a113c64233985c05f8a409179	
Geth 1.8.27	4bcc0a37…	Archive	64-bit	14.68 MB	04/17/2019	Signature	c3c71acdcf9234970db37ae66feee6d7	

图 2.2　Geth 下载界面

打开命令行界面（使用 Windows+R 调出运行界面，输入 CMD 打开命令行界面），直接输入 geth version，查看到版本号即为安装成功，如图 2.3 所示。

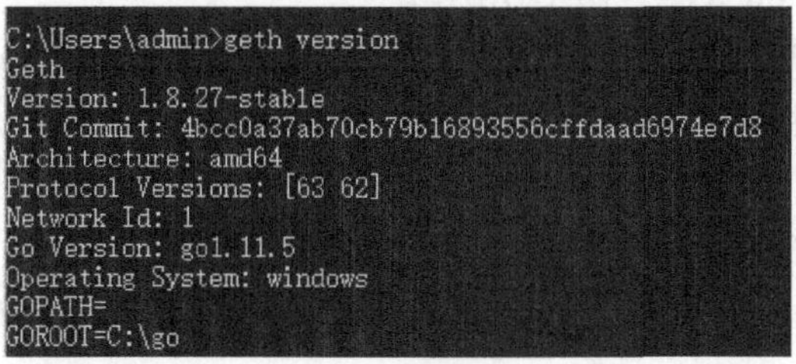

```
C:\Users\admin>geth version
Geth
Version: 1.8.27-stable
Git Commit: 4bcc0a37ab70cb79b16893556cffdaad6974e7d8
Architecture: amd64
Protocol Versions: [63 62]
Network Id: 1
Go Version: go1.11.5
Operating System: windows
GOPATH=
GOROOT=C:\go
```

图 2.3　geth version 指令界面

（2）搭建以太坊私链。

为了方便测试，搭建私链是必不可少的环节，系统以 Windows 为例，首先需要手动创建创始区块，创建一个 json 格式的配置文件，其内容如下[2]：

```
{
"config": {
"chainID": 100,
"homesteadBlock": 0,
"eip155Block": 0,
"eip158Block": 0
},
"coinbase" : "0x3333333333333333333333333333333333333333",
"difficulty" : "0x1",
```

```
    "extraData" : "0x00000000",
    "gasLimit" : "0x80000000",
    "nonce" : "0x0000000000000042",
    "mixhash" : "0x000000000000000000000000000000000000000000000000
000000000000000",
    "parenthash" : "0x0000000000000000000000000000000000000000000000
00000000000000000",
    "timestamp" : "0x00",
    "alloc": { }
    }
```

对关键字段的解释如下。

chainID：指定了独立的区块链网络 ID，不同 ID 网络的节点无法连接，以太坊公网的 ID 为 1，因此私链 ID 应避免以太坊公网网络 ID，这里选用的是 100。

coinbase：矿工账户。

difficulty：挖矿难度，这里配置低难度以易于挖矿。

extraData：相当于备注。

gasLimit：Gas 交易量上限。

nonce：用于挖矿的随机数。

mixhash：与 nonce 配合用于挖矿。

parenthash：前一个区块的哈希，由于是创始区块所以为 0。

timestamp：时间戳。

alloc：用来预留账户及账户的以太币数量，由于私链挖矿比较容易，故无须预留账户以及以太币。

配置的创始区块文件放置在 Geth 安装目录下即可，如图 2.4 所示。

名称	修改日期	类型	大小
genesis.json	2019/7/8 16:55	JSON File	1 KB
geth.exe	2019/4/17 20:55	应用程序	50,529 KB
uninstall.exe	2019/6/10 9:58	应用程序	122 KB

图 2.4　配置文件位置

配置创始区块完毕后打开命令行进入安装的文件夹位置，输入 geth --datadir "geth\data0" init geth\genesis.json，其中--datadir 后面引号部分的参数是存放区块链数据及密钥的位置，可以自行规定。成功创建创始区块见图 2.5。初始化成功后，会在存放目录 data0 中生成 geth 和 keystore 两个文件夹。其中 geth 目录下 chaindata 中存放的是区块数据，keystore 中存放的是账户数据，这时已经创建好了创始区块，下面来启动私链，并完成创建账户、转账、挖矿等操作。

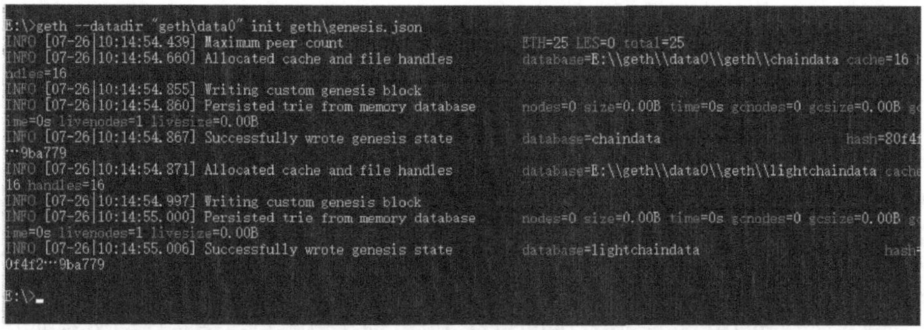

图 2.5　初始化创始区块

继续输入命令 geth --datadir "geth\data0" --networkid 989898 --rpc --port 30304 --rpcport 8546--rpcapi db,eth,net,web3 --rpcaddr 127.0.0.1console，即启动我们的私链，如图 2.6 所示，参数说明如下。

--datadir：指定节点存储位置为"geth\data0"。

--networkid：网络标识符随便指定一个 ID（确保多节点是统一网络，保持一致）。

--rpc：启用远程过程调用（remote procedure call，RPC）通信，用于智能合约的部署与测试。

--port：节点端口号（多节点时不要重复）。

--rpcport：HTTP-RPC 端口（多节点时不要重复）。

--rpcapi：基于 HTTP-RPC 提供的应用程序接口。

--rpcaddr：HTTP-RPC 服务器接口地址，默认"127.0.0.1"。

console 命令是非常重要的命令，执行 geth console 可以使得用户启动 JavaScript 控制台，在该控制台可以直接输入 JavaScript 代码与 Geth 交互，按回车键会执行输入的 JavaScript 代码，其中">"为输入 JavaScript 代码的提示符，执行了 geth console 在图 2.6 圈出部分也会提示你已经进入了 JavaScript 控制台。

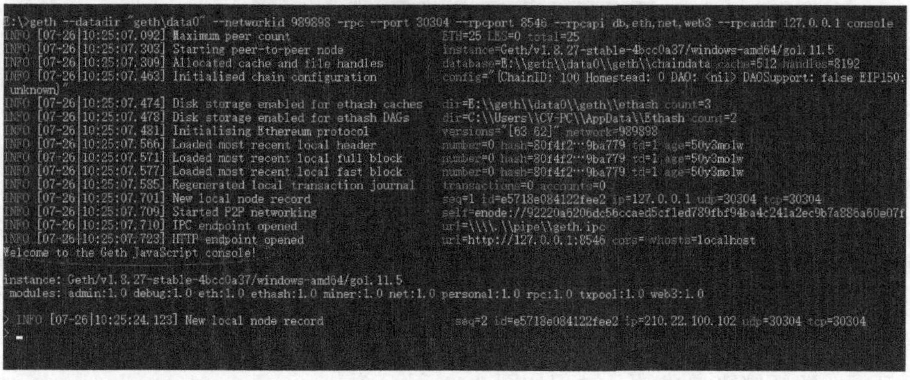

图 2.6　启动私链

（3）Geth 的基本操作。

输入命令 eth.accounts 可以查询现有账户，会返回一个数组，数组每一项都是现有账户的地址。由于现在未创建账户，所以返回空数组，如图 2.7 所示。

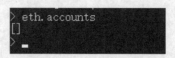

图 2.7   查询现有账户

输入命令 personal.newAccount("111")可以创建新账户，括号内的引号部分为账户密码，可以自己设置，随后系统会返回新的账户地址，如图 2.8 所示，这里我创建了两个账户，为了后面进行转账操作。

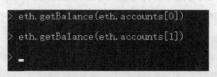

图 2.8   创建账户

这时再输入 eth.accounts 命令可以看到返回了刚才创建的两个账户的地址，如图 2.9 所示。

图 2.9   返回账户地址

输入 eth.getBalance(eth.accounts[0])和 eth.getBalance(eth.accounts[1])命令可以查看这两个账户的余额，由于还没有进行账户的任何操作，所以余额为 0，图 2.10 显示两个账户的余额。

图 2.10   查询账户余额

要对账户进行操作需要先解锁账户，就像去银行用银行卡一样，首先你需要输入银行卡密码来确定你是此银行卡的所有者。输入命令 personal.unlockAccount (eth.accounts[0])来解锁第一个账户，会返回你要解锁的账户地址以及让你输入密码，直接输入密码即可，注意这里并不会显示你的密码，输入正确密码后回车，返回 true 即解锁账户成功，过程如图 2.11 所示。

图 2.11　解锁第一个账户

解锁之后可以进行挖矿来获取以太币，输入命令 miner.start()即开始自动挖矿，如图 2.12 所示，在终端会不停显示成功挖得区块的信息。这里挖了 12 个区块之后输入 miner.stop()命令来停止挖矿，在挖矿中输入命令会被挖矿信息覆盖，这里可以无视挖矿信息，直接输入 miner.stop()即可。

图 2.12　挖矿

可以输入命令 eth.blockNumber 来查询区块高度，如图 2.13 所示，区块高度为 12，输入命令 eth.getBlock(10)可以查询第 10 个区块的信息，这里的很多信息都是区块链中的基本信息，不再赘述。

输入 eth.getBalance(eth.accounts[0])命令查看此时第一个账户的余额，从图 2.14 可以看到已经挖到许多以太币，这里返回的单位为 wei，折合为 60ether，以太坊的区块奖励包括每个区块都有的固定奖励 5ether。

```
eth.blockNumber

eth.getBlock(10)
{
  difficulty:              ,
  extraData: "0xda8301081b84676574688676f212e31312e358777696e646f7773",
  gasLimit:                ,
  gasUsed:                 ,
  hash: "0x5e59257701a4192153561f7f68eeaa460701753de15b3dd3ce0b2126c9cf621d",
  logsBloom: "0x0000000000000000000000000000000000000000000000000000000000000000000000000000000000000000000000000000000000000000000000000000000000000000000000000000000000000000000000000000000000000000000000000000",
  miner: "0xffefcf07f72caeee4dfdde2630d11cfe6e1fb4b0",
  mixHash: "0x35c7e3ea13d727a69328a5cbafd6bce391997431cc841572cf321f6a2e36da16",
  nonce: "0x7e0b8a9b4be0248f",
  number:                  ,
  parentHash: "0x1e612e961ee695d74512e796134b59149bfe506dc83922ec02913ceb16150feb",
  receiptsRoot: "0x56e81f171bcc55a6ff8345e692c0f86e5b48e01b996cadc001622fb5e363b421",
  sha3Uncles: "0x1dcc4de8dec75d7aab85b567b6ccd41ad312451b948a7413f0a142fd40d49347",
  size:                    ,
  stateRoot: "0xac7c4acbeca3e8fc01addd0f1a4d2e3f5a1a24fee30542110633d335ae823a2c",
  timestamp:               ,
  totalDifficulty:         ,
  transactions: [],
  transactionsRoot: "0x56e81f171bcc55a6ff8345e692c0f86e5b48e01b996cadc001622fb5e363b421",
  uncles: []
}
```

图 2.13　查询区块高度与区块

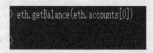

图 2.14　第一个账户挖矿得到的余额

第一个账户由于挖矿已经获得了 60ether，接下来进行转账操作，在转账前需要解锁账户，输入 eth.sendTransaction({from:eth.accounts[0],to:eth.accounts[1],value:web3.toWei(10,"ether")})命令即完成第一个账户向第二个账户转账 10 以太币的操作，单位为 ether，如图 2.15 所示，此时正在等待打包确认。

```
> eth.sendTransaction({from:eth.accounts[0],to:eth.accounts[1],value:web3.toWei(10,"ether")})
INFO [07-26|11:24:15.888] Setting new local account        address=0xffefCF07F72cAeeE4dfDDe2630d1
INFO [07-26|11:24:15.892] Submitted transaction            fullhash=0x37346fd49cffe69802a08afcbc2
0x37346fd49cffe69802a08afcbc2cc85ccb9856fa6ddea4c5e5da41045e7dbeb7
> INFO [07-26|11:25:07.617] Regenerated local transaction journal    transactions=1 accounts=1
```

图 2.15　转账

输入命令 eth.getBlock("pending", true).transactions 可以查看当前待确认交易的信息，如图 2.16 所示。

```
> eth.getBlock("pending",true).transactions
[{
  blockHash: "0x774f6d10394aa5eaf8a9c148bbdec700a91f0f4e12981a6ea33df4a5818f2f97",
  blockNumber:             ,
  from: "0xffefcf07f72caeee4dfdde2630d11cfe6e1fb4b0",
  gas:                     ,
  gasPrice:                ,
  hash: "0x37346fd49cffe69802a08afcbc2cc85ccb9856fa6ddea4c5e5da41045e7dbeb7",
  input: "0x",
  nonce:                   ,
  r: "0xbf5e07dc4a4fa46ca71f8bdb03c6d53b8bf2c36cf86bb13bbc69599f4bdeec9d",
  s: "0x43703de457cd2a32b1df1e1ba57ca93de733fb49f4d0dd228daa121ed96537",
  to: "0xa5db8f28e37503c1fe73ff0fece53b4dc53da324",
  transactionIndex: "0xeb",
  v:                       ,
  value:                   ,
}]
```

图 2.16　待确认交易的信息

　　由于该私链只有我们自己创建的两个账户，只能我们自己挖矿确认交易，我们继续使用第一个账户挖矿，执行 miner.start()开始挖矿，执行 miner.stop()停止挖矿。由于设置的挖矿难度很低，挖矿速度很快，这里又挖出了两个区块，如图 2.17 所示。

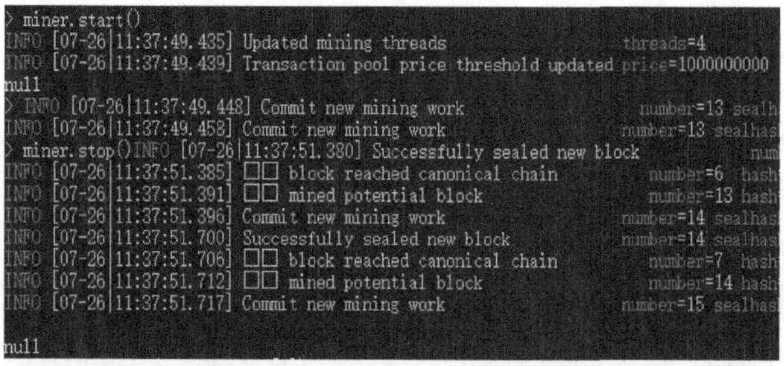

图 2.17　挖矿确认待确认交易

　　再次输入 eth.getBalance(eth.accounts[0])和 eth.getBalance(eth.accounts[1])命令查看这两个账户的余额，如图 2.18 所示，发现第一个账户有 60ether，第二个账户得到了转账的 10ether。这里解释下第一个账户 60ether 的由来，第一个账户原先有 60ether，转账花费 10ether 还剩 50ether，由于第一个账户发起交易需要消耗 Gas 作为矿工的奖励，但是此时矿工就是自己，所以消耗的 Gas 与奖励抵消，由于后面又挖得了两个区块获得 10ether 奖励，加上之前剩下的 50ether 正好是 60ether。简单来说就是 60（原有余额）−10（转账金额）−Gas+Gas+10（挖到两个区块的奖励）=60（最终余额）。

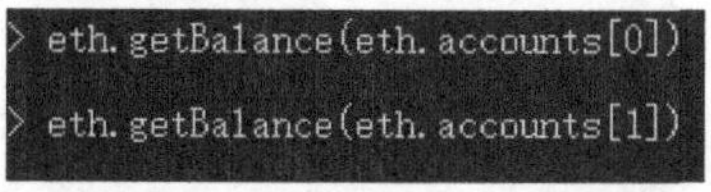

图 2.18　转账后查询两个账户的余额

2.1.9　以太坊钱包

　　以太坊钱包有很多，最出名的是 Mist 钱包。Mist 钱包是一个图形化界面的钱包，但是其在 2019 年 3 月宣布停止运营维护，本书也就不再介绍它，本书着重介绍的是 MetaMask 钱包。MetaMask 钱包是一款基于浏览器插件的开源以太坊轻钱包，它允许你通过 web 浏览器来管理你的以太坊私钥，使用 MetaMask 不需要下载，只需要在浏览器中添加对应的扩展程序即可，使用起来非常方便。目前支持谷歌、火狐、Opera 等浏览器，也可以用官方推荐的 Brave 浏览器。本书以谷歌浏览器为例。

　　（1）安装 MetaMask 钱包。

　　首先下载谷歌浏览器，这里不再讲述，由于国内网络的原因，你可能无法直接在谷歌浏览器中安装 MetaMask 插件。因此使用本地包下载和安装的方法，进入链接 https://github.com/MetaMask/metamask-extension/releases，点击"Assets"列表下的"metamask-chrome-6.7.3.zip"（或你看到的最新版），下载并解压此压缩包，如图 2.19 所示。

图 2.19　下载 metamask-chrome-6.7.3.zip 界面

打开谷歌浏览器输入链接 chrome://extensions，进入扩展程序并勾选开发者模式，选择加载已解压的扩展程序，选择刚刚解压的 metamask-chrome-6.7.3.zip，看到浏览器右上角出现狐狸头图案的插件即安装成功，如图 2.20 所示。

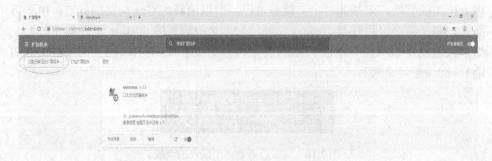

图 2.20　成功安装 MetaMask 插件

（2）设置 MetaMask。

安装成功后会自动跳转 MetaMask 的教程网页，或者点击小狐狸图案进入 MetaMask，按照提示流程走，选择"Creat a Wallet"，输入两遍你设定的密码。在创建账户的时候为了防止账户密码丢失，这里提供找回助记词功能，拷贝恢复账户的安全码，如图 2.21 所示，点击即可看到 12 个助记单词，把安全码记录下来（单词顺序也要记录）方便恢复账户。在下一步中会使用刚才的助记词功能，按照记录的顺序点击单词即可确认，全部操作完毕后即完成了 MetaMask 的初始设置，以太坊会生成你的账户。

图 2.21　成功安装 MetaMask 插件

（3）在测试网络上获取代币。

进入 MetaMask 中可以看到我们的账户以及余额，如图 2.22 所示，点击圈出部分可以选择网络，MetaMask 默认连接的是以太坊主网，为了方便我们测试智能合约，需要切换到 Ropsten 测试网络。

图 2.22　选择 Ropsten 测试网络

在测试网络中我们可以免费获得以太币，通过点击存入，选择获取以太币会进入如图 2.23 所示的页面，点击一次圈出部分可以申请 1 以太币，申请太多也会报错，下面 user（账户）部分可以捐赠以太币，申请以太币的操作跟正常交易一样，等待交易确认，以太币会到达我们的账户中，点击在下面的 transactions 可以查看申请的交易信息，如图 2.24 所示，其中的 Status 为 Success 即交易已确认。

图 2.23   在 Ropsten 测试网络中申请以太币界面

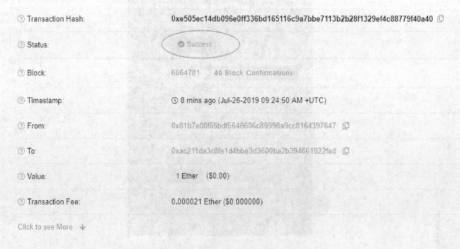

图 2.24   Status 为 Success 界面

2.2　智能合约

第二代区块链技术的核心特点就是智能合约，而以太坊区块链平台不仅沿用了比特币区块链去中心化的原理，还将智能合约与区块链结合起来，所以成了第二代区块链的代表应用。以太坊的智能合约技术允许用户在以太坊区块链网络中封装代码与数据并创建去中心化应用，究其根本，以太坊之所以可以结合智能合约是因为其创建了比特币所不具备的图灵完备的计算平台，图灵完备意味着其代码逻辑可以更高级，允许计算更复杂，这正是智能合约所需要契合的特性，因此以比特币区块链非图灵完备的特性是永远不可能支持智能合约的。第二代区块链与第一代区块链最主要的区别在于，第二代区块链中由代码所构成的智能合约不仅可以管理比特币那样的数字资产，也可以管理非数字资产，创建去中心化应用，这意味着我们可以将更广泛的应用嵌入区块链中，从而将那些需求安全性、公开透明性、去中心化特性的广泛应用在区块链中实现。

本节从智能合约的概念、智能合约的本质、传统合约与智能合约的对比、智能合约与以太坊区块链的关系、智能合约的工作原理、智能合约发展中的挑战，以及智能合约的应用场景 7 个层面来详细介绍智能合约。

2.2.1　智能合约的概念

"智能合约"这一概念并不是与区块链技术同时出现的，早在 1993 年，智能合约首次出现在计算机科学家、密码学家 Nick Szabo（尼克·萨博）的文章中，他将智能合约定义为："一个智能合约是一套以数字形式定义的承诺（promises），包括合约参与方可以在上面执行这些承诺的协议。"[3]根据智能合约的最初定义，其主要有 3 个关键点。

（1）数字形式。

与纸质合约不同，数字形式表明了智能合约的表现形式并不是纸与墨，而是计算机可执行的代码。

（2）承诺。

承诺是合约最终履行的结果，是合约参与方最终要做的事情，并且这些结果是用数字形式定义的，也就是用计算机代码编写合约结果。

（3）协议。

智能合约中的协议是合约参与方履行承诺的依据，即根据情况触发了合约中的某种协议，根据协议内容规定了合约中的一个参与者或多个参与者要履行承诺。

根据上述 3 个关键点，我们可以这样理解智能合约的定义：智能合约是一段计算机代码，这段代码规定了合约参与方最终要执行的结果以及根据哪些协议来执行。智能合约结构如图 2.25 所示。

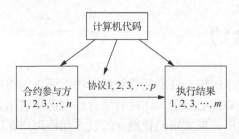

图 2.25   智能合约结构图

2.2.2   智能合约的本质

智能合约的本质可以从两个角度去理解，一个是"智能"，一个是"合约"。"智能"表明了智能合约形式上的本质就是一段计算机代码，依赖计算机自动执行。"合约"表明了智能合约功能上的本质就是约束参与者履行承诺。"智能"与"合约"两者的结合产生了智能合约，利用非人为因素的计算机代码来保证合约参与者履行制定的承诺。下面举一个简单的例子：

```
If Rain_Tomorrow():
    Send (You, 100$)
Else:
    Send (Me, 100$)
```

这段代码并不是严格的计算机代码，它只是简单表明了智能合约的形式与智能合约可以做的事情。这个例子的意思是我与你打赌明天是否下雨，如果下雨那么我给你 100$，如果晴天那么你给我 100$。这样一个简单的合约，体现出了智能合约的本质，即使用计算机代码制定承诺与履行承诺的协议。

2.2.3   传统合约与智能合约的对比

不可否认的是，智能合约的出现离不开传统合约，智能合约受启于传统合约，沿用了传统合约的结构。对智能合约和传统合约来说它们的结构组成与目的是一样的，在结构上两者都包含合约参与方、合约条款、仲裁平台、仲裁对象，最终目的都是使合约参与方遵守某种规定，如果违反规定会执行某种惩罚。

智能合约的出现更多是弥补传统合约的不足，传统合约更为接地气的别称就是现今社会中的种种经济行为都会涉及的"合同"。合同在现今社会无处不在又必不可少，例如买房会签订合同，买车会签订合同，如果不签订合同，双方会担心对方违约并且因为没有约束可以没有任何惩罚。合同所解决的根本问题是合同双方在互不认识的情况下的信任问题，既然合同双方互不信任，那么他们就会找一个都信任的第三方来仲裁，仲裁机构往往担任了这个第三方的位置，而合同是仲裁机构仲裁的标准。双方签订合同的目的是如果一方出现了违约，那么可以依照合同的内容向仲裁机构申诉，仲裁机构会进行仲裁然后强制执行合同内容。然而第三方的参与也会使合约参与方相应地付出高额的仲裁费用，有时仲裁时间较长、争议较大也会损害合约参与方的权益。

智能合约主要是解决在没有第三方参与下的信任问题，与仲裁机构不同的是，智能合约巧妙地利用计算机代码来"仲裁"，代码没有人类情感，只会按照先前合约双方制定的规则去执行，至于收取费用方面，以太坊智能合约的执行只会收取极少的额外 Gas 费用，这对比现实仲裁机构的费用以及律师的费用是极少的。使用代码来代替人进行仲裁，完美地实现了合约的绝对公平性、绝对执行性、效率性，弥补了"合同"所存在的不足。

智能合约的绝对公平性在于智能合约的编写是由双方协定而成，只有双方都认可智能合约才会生效，虽然传统合约也是双方都会对合同上的文字认可，但是文字极容易产生歧义，例如小明向小红借了 100 元钱，在合同上规定 20 号还钱，到了 20 号小明以合同上的 20 号指的是下个月 20 号为由并没有还钱，这对于小红的权益是一种不公平对待，而律师的存在也往往是找文字上的漏洞，由于文字的漏洞，签订合同最初始的意愿很容易被扭曲，造成了不公平的局面。智能合约的内容完全是计算机代码，代码与数学一样具有唯一性，是没有歧义的，一旦合约参与方协议一个智能合约成立，其内容也是唯一性的，符合合约参与方最初的意愿。

智能合约的绝对执行性也是合约领域中极其需要且重要的环节，制定合约却不执行合约结果那么合约将毫无意义，在智能合约代码中，由于区块链不可篡改的特性，一旦合约条件被触发，任何人都无法阻止合约的执行。

智能合约的效率性则是智能合约去中心化的成果，智能合约的合约参与方只有合约当事人，没有中介，智能合约代码的瞬间执行使得合约能够迅速完成。

智能合约与传统合约虽然都归属于合约，但还是有很多不同之处。智能合约与传统合约的主要对比见表 2.5。

表 2.5　智能合约对比传统合约

	传统合约	智能合约
合约参与方	合约当事人与第三方	合约当事人
合约条款	合约当事人的权利与义务	合约当事人的协议
仲裁平台	仲裁机构	区块链平台执行代码
仲裁对象	资产或法律处罚	数字资产或智能财产
仲裁方式	第三方主观	代码客观
消耗成本	高额中介费	极少量数字资产
适用范围	受地域限制	全球范围

2.2.4　智能合约与以太坊区块链的关系

智能合约在 1993 年就已被提出，为何当时没有广泛的应用呢？主要原因是缺少可执行的去中心化环境，2008 年比特币横空出世，引领了区块链技术潮流，但是比特币系统是非图灵完备的，并不支持复杂的逻辑代码结构，因此比特币主要是用于点对点转账交易。直到以太坊的出现，其采用图灵完备的虚拟机运行合约代码，智能合约才与区块链技术结合。

智能合约在以太坊区块链网络中扮演匿名代理的角色，它里面封装了一些业务逻辑，当用户需要做一些事情的时候，就可以根据智能合约的地址来调用智能合约的函数代码，完成想做的事情。这些事情既可以是转账操作也可以是非转账操作。

以太坊智能合约进行转账操作的原理是以太坊的智能合约可以控制内部账户的余额与内部合约的状态来完成交易，例如我与 Bob 要进行交易，当智能合约记录到我与 Bob 都把交易对应的资产放到智能合约中时，智能合约代码就会自动把我们的资产进行交换，从而完成交易。以太坊智能合约还可以进行持久存储，例如我与 Bob 可能不会同时在线，那么会有一方先把资产放到智能合约中，这就需要智能合约持久存储先放一方的合约状态。当另一方将资产放入智能合约中时，智能合约代码交换资产，完成交易。

总的来说，智能合约与区块链技术相辅相成，智能合约是区块链技术的具体应用，区块链是智能合约实现的底层技术，是去中心化的特性让它们结合到了一起。对初学者来说理解智能合约比理解区块链技术容易得多，因此智能合约这样的区块链具体应用也有益于令初学者对区块链感兴趣，从而更好地学习区块链技术，有利于将区块链技术实现于更多的领域，推动区块链技术的发展与完善。

2.2.5　智能合约的工作原理

在区块链中从制定智能合约到合约执行的总流程分为构建合约→存储合约→执行合约三大部分，每个部分又包含若干步骤。构建合约部分包含注册用户→协定合约→用户签名三个步骤；存储合约部分包含 P2P 扩散→验证共识→存储出块；执行合约部分包含定期检查→执行通知→判断状态。执行合约部分的判断状态若判断出所有合约集中的事务都已执行完毕则执行合约完毕，否则将会继续定期检查该合约集中的未完成事务是否满足触发条件进而执行。除了第三部分执行合约外，前两部分都是顺序执行。智能合约工作流程如图 2.26 所示。

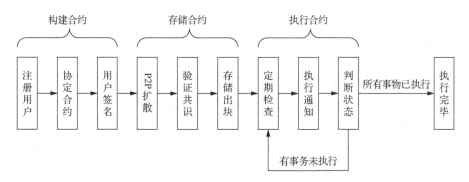

图 2.26　智能合约工作流程

1. 构建合约

想要制定合约的多个合约参与方共同制定一份合约，构建合约过程包含注册用户→协定合约→用户签名。

（1）注册用户。

由于智能合约需要在区块链网络中部署执行，因此在制定合约前需要用户首先注册成为区块链用户，例如用户首先下载以太坊钱包，注册账户，注册成功后区块链会返回用户一对公钥与私钥，根据非对称加密原理，公钥是用户在区块链上的账户地址，私钥则是进入账户或签名的唯一钥匙。

（2）协定合约。

成功注册区块链账户的用户根据需求可以共同协定一份承诺，该承诺规定了合约参与方的权利与义务，以及触发条件与执行结果，这些承诺的内容均以电子化的形式被编写成计算机代码。

（3）用户签名。

合约参与方在共同协定合约后需要所有参与者分别用各自的私钥进行签名，以此来证明合约的有效性，签名之后该合约将传入区块链网络中。

2. 存储合约

在构建合约完毕后，需要在区块链网络中进行验证共识，完成共识的合约集最终会存储在区块链中，存储合约过程包括 P2P 扩散→验证共识→存储出块。

（1）P2P 扩散。

使用合约参与者私钥签名的合约在区块链网络中会以 P2P 传输的方式进行全网扩散，每一个区块链用户的节点都会收到私钥签名后的合约，这些验证节点会将所收到的智能合约存储到本地，等待验证共识。

（2）验证共识。

当到达了共识时间时，区块链网络中的所有验证节点会把近时间段所收到的所有合约打包成一个合约集合，并计算这个合约集合的哈希，之后验证节点将合约集合的哈希打包成区块形式，扩散到全网。同时验证节点也会收到其他验证节点所扩散的区块，验证节点会将区块里的合约集哈希与自己本地保存的合约集哈希进行对比，以此来进行验证。通过网络中不断地验证合约集的哈希最终所有验证节点会在规定的时间内达成对近一段时间的合约集的共识。

（3）存储出块。

区块链网络中所有验证节点最终达成共识的合约集合会被写入区块并扩散到全网进行验证，该区块包含当前区块的哈希，以及前一个区块的哈希、时间戳、区块高度、交易信息的哈希等等，验证节点除了需要验证区块信息外还要验证区块中合约集的私钥签名，一个区块被验证通过后，矿工会将区块上链，永久存储在区块链中。

3. 执行合约

当合约集合已被验证共识后会存储在区块链网络中等待合约条件触发来执行合约，执行合约的过程包括定期检查→执行通知→判断状态。

（1）定期检查。

已经存储在区块链中的智能合约会定期检查自动机状态，逐条遍历每个智能合约内包含的状态机、事务状态、触发条件及调用情况来监测合约是否触发，一旦发现合约被触发，就会将触发的事务推送到待验证的队列中等待验证节点的验证与共识，其他未满足触发状态的合约事务会继续存放在区块链中。

（2）执行通知。

被检查出触发条件满足的合约将会扩散到每一个验证节点来等待新一轮的共识验证。与普通区块链交易的验证一样，验证节点会使用公钥来进行签名验证，以确保事务的有效性。验证成功的事务会发送到其他验证节点来进行对比共识，等待大多数节点共识成功以后，触发条件的合约事务将会执行，并且会对执行完毕的合约标记新的状态，成功执行的合约事务也会通知给用户。

（3）判断状态。

触发条件的合约成功执行并通知用户后，智能合约自带的状态机会继续判断所属合约的状态，当判断出合约中的所有事务都执行完毕后，状态机就会将合约的总状态标记为完成，即该合约执行完毕，执行完毕的合约会从新的区块中移除以免与未完成所有事务的合约混淆。当状态机判断出合约中有未完成事务，会将其标记为进行中，继续存放在新的区块中等待下一次定期检查，如此循环。

整个智能合约的事务与状态都在区块链中自动执行，并且公开透明，不可篡改。图 2.27 展示的是以太坊智能合约执行的总流程。

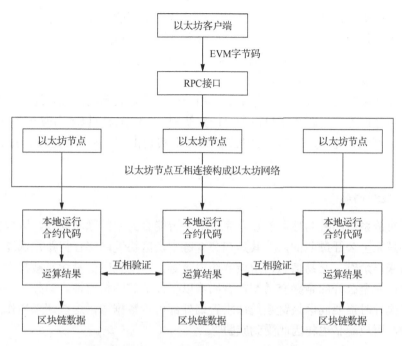

图 2.27　以太坊智能合约执行的总流程

2.2.6　智能合约发展中的挑战

作为一种快速发展的新兴技术，智能合约可能存在一些制约其发展的问题[4]。本节将从安全、隐私、法律等问题出发，概述智能合约技术的研究挑战与进展。

1. 安全问题

安全问题是智能合约发展中的主要问题，由于区块链技术具有历史记录不可篡改的特性，此特性在简单的转账交易中确实使得交易记录公开透明、防篡改，但是在智能合约中会导致已经部署在链上的合约不可逆转，如果上链的合约代码存在潜在的安全隐患，那么也难以修复，由此造成的经济损失也难以挽回[4]。在区块链中，每个网络的参与者都可能出于自身利益而攻击或欺骗智能合约，因此这就需要智能合约设计者有对恶意行为的预见性和防范性，使得恶意行为找不到漏洞而攻击。在以太坊智能合约中可能存在以下漏洞：Solidity 编程语言的漏洞、EVM 执行漏洞及区块链系统的漏洞。区块链系统的漏洞有交易顺序依赖、时间戳依赖、可重入性和处理异常。针对合约代码的漏洞 Vitalik Buterin 等提出了 Gasper 方案，该方案可以检测智能合约中的高燃料操作如死代码、无用的语句以及高额费用的循环操作等，通过 Gasper 检测发现在以太坊部署的超过 80% 的智能合约都存在高燃料操作，这些高燃料操作一旦被大量调用可能引发拒绝服务攻击。针对区块链系统漏洞，L. Luu 等提出了一种符号执行工具 Oyente，可用于检查上述四种区块链系统的漏洞，经 Oyente 检测，在以太坊的 19336 个智能合约中 8833 个合约存在至少一种安全漏洞。

此外区块链具有匿名性，每个账户用一个字符串表示其地址，这在维护账户隐私的同时也可能为恶意账户带来"作案便利"。攻击者可以匿名发布恶意合约，在保证立契者和恶意账户之间的公平交易下实现匿名"作案行为"，如盗取用户密码。

2. 隐私问题

区块链系统的匿名性可能没有完全解决智能合约中的隐私问题，区块链数据通常都是完全公开透明的，尤其是在公有链中，区块链网络任何账户都能公开查询获取账户余额、交易信息、智能合约内容等，一些金融交易通常被视为机密信息，然而完全公开的金融交易智能合约难以保证信息的机密性。另外，某些智能合约在执行时需要向区块链系统请求查询外部可信数据源，这些请求操作通常是公开的，用户隐私也将因此受到威胁[4]。

3. 法律问题

在传统合约向智能合约的转化过程中，还存在若干法律问题，传统合约中的法律条文经常使用一些宽泛灵活的语言以针对各种无法精确预见的新案例来实现法律的通用性，然而智能合约代码为了系统的安全性与绝对执行性，必须使用严格正式的明确类别和定义方法逻辑，传统合约的法律条文在转化为智能合约计算机代码时将不可避免地产生转换误差问题，进而影响智能合约的法律效力[4]。《中华人民共和国合同法》第五十四条规定，下列合同，当事人一方有权请求人民法院或仲裁机构变更或者撤销：（一）因重大误解订立的，（二）在订立合同时显失公平的。而智能合约一旦上链将不可逆转，同时智能合约存在不可预见情形，现阶段智能合约只能处理预定义代码，无法应对不可预料的边缘案例，由此可见智能合约在法律问题这条道路上还需要走很长的路。

2.2.7　智能合约的应用场景

1. 智能锁

以太坊创始人 Vitalik Buterin 举了一个很贴近生活的例子。试想一个基于以太坊的物联网平台（Slock）提供自行车租赁的场景。自行车拥有者可以在自己的自行车上加一个智能锁。并且他在以太坊区块链上给自行车注册了一个智能合约（一段代码）。那么想要租赁该自行车的人需要以一定数量的以太币来激活这个智能合约，智能合约被成功激活后，会运行合约代码，并将以太币发送到自行车拥有者的账户上，并记录一个状态，这个状态就可以表明刚才数字货币的发送者获得了这辆自行车在规定时间内的使用权。接下来这个人就可以在规定时间内通过手机向智能锁发送一个特定的签名信息来解锁，使用自行车。整个自行车租赁的场景完全是去中心化的，没有依赖任何中心化支付处理机构，租赁自行车的人直接与自行车拥有者直接交互。

2. 网上购物

网上购物在现在是很常见的事情，目前也有很多网上购物的第三方平台，这些平台都是中心化的，具体交易流程为：我下单了一件商品，我的数字货币与交易数据都存储到了第三方平台服务器中，当我收到商品确认收货时，第三方平台会将数字货币发送到卖家。此过程其实存在两个隐患，一个是我与卖家的私人数据都被第三方平台所存储使用户失去了隐私，另一个是中心平台的服务器有可能出现故障，导致交易无法进行，更严重的后果会造成大量财产损失，这都是中心化平台的弊端。

如果利用区块链技术的去中心化特性与加密特性，将网上购物与智能合约结合就会巧妙地消除这两个隐患，试想一个使用智能合约在网上购物的场景，例如我想在一家网店购买一件商品，在我与卖家协议好之后，我就和卖家制定一个智能合约，该智能合约可以查询商品的物流数据，一旦智能合约通过查询物流数据发现商品已经到达了我所在的地址，那么就会触发智能合约，合约会强制将我账户的以太币转移到卖家，我与卖家也可以在智能合约中制定发货时间，如果规定时间内智能合约查询到商品并没有离开卖家地址，那么合约也会强制将卖家账户的以太币（违约金）转移到买家。

上述利用智能合约来完成网上购物的例子实现了买家与卖家远程点对点交易，由于智能合约的确定执行性，买家卖家双方无须信任，并且可以将违约惩罚加入智能合约中以维护自身利益，去中心化的特性导致智能合约无论是正常交易或违约惩罚，都会必然执行。在隐私方面，双方的信息都会以加密的形式存在，保护了双方隐私。

3. 借贷还贷

向银行贷款买房然后每个月还贷是现在很常见的金融交易，银行往往充当此过程的第三方平台，一般来说银行并不会持有长达数十年的贷款，它们将贷款债权出售给投资者，我们实际上是向投资人借贷，但由于银行的参与，我们不得不付出高额的利润向银行还贷。银行所做的只是分配我们每月的还贷，它们将大头支付给投资者，其余部分用于交税以及作为自己的利润。

如果用智能合约处理这一过程，借贷者就可以直接向投资者还贷，不仅能提高效率，还会大幅降低借贷者的利息，降低人们获得房屋所有权的成本。此过程我们需与投资者制定智能合约，其内容可能包括我每月需还的金额、需要还多长时间，如果我有一个月没有按时还贷也会制定相应的惩罚，惩罚例如我下个月需要在还双倍金钱之外还要附加多少的惩罚金，虽然此还贷过程每个月也会有利息，但由于去除了第三方参与，此利息可以大幅降低，由借贷者与投资人直接协定。

4. 遗嘱

现今子女继承遗产的纠纷也比较普遍，纠纷的主要原因有长辈去世后没有留下遗嘱，或者遗嘱不明确、他人伪造遗嘱等等，智能合约可以利用其自动执行的特性，遵照死者的意愿自动准确地执行遗嘱内容，其子女无法改变遗嘱规定。例如某长者生前注册区块链账户并使用智能合约立下一份遗嘱，合约代码规定在其去世后且孙子年满18周岁时，将其名下的财产转移给孙子，合约制定完成就会记录在区块链上，合约公开透明，任何人不得伪造篡改。随后区块链就会自动检索计算其孙子的年龄，当孙子年满18周岁的条件成立后，区块链会在相应的数据库中（例如政府的公共数据库等地方）检索是否存在立遗嘱人的死亡证明。如果死亡证明存在且孙子已满18周岁，那么立遗嘱人的财产将会不受任何约束地自动转移到孙子的账户中，此过程不受任何因素的制约，并且会自动强制执行，以此子女不会因遗嘱问题而纠纷，立遗嘱人也可以顺利地照自己的意愿执行遗嘱。

5. 医疗

现代医疗技术的发展离不开历史病例数据、临床试验数据等医疗数据的共享，但是医疗数据的访问与共享由于其包含了大量的个人隐私数据而受到严格的限制。对患者来说其个人数据的隐私性难以得到保证，难以控制自己医疗数据的访问权限，对医疗工作者来说，工作者需要花费大量时间精力向有关部门提交审查权限的申请。除此之外，医疗数据同样存在被篡改、泄露等安全方面的风险。基于区块链的医疗智能合约可有效解决上述问题，在区块链这种去中心化、不可篡改、可追溯的网络环境中，可以将医疗数据以加密的形式存储在区块链上，患者可以在区块链上对其个人数据享有完全的掌控权，通过智能合约设置访问权限，用户可实现高效安全的点对点数据共享，无须担心数据泄露与篡改，数据可靠性得到充分保障[4]。

■ 2.3　智能合约的编写

2.1 节和 2.2 节已经介绍了以太坊与智能合约的概念，本节将着重动手编写、调试、部署一个智能合约来进一步让读者了解智能合约的具体结构与实际作用，本节首先介绍了 Solidity 的一些常用语法、Remix 在线集成开发环境（integrated development environment，IDE）的基本用法，在此基础上，给读者介绍了三个智能合约案例，通过部署测试这些合约验证了合约的可用性与正确性，最后介绍了 Remix 与 MetaMask 钱包的关联方法，将调试好的智能合约部署到以太坊网络中。

2.3.1 Solidity 简介

Solidity 是一种编写智能合约的高级语言，其语法类似 JavaScript，是一种面向对象的编程语言，运行在 EVM 上。虽然以太坊是支持多种高级语言来编写智能合约的，但是 Solidity 语言最为成熟，其特性也最适合在以太坊上编写智能合约，因此 Solidity 也是以太坊官方推荐的编写智能合约的语言。本节主要针对初学者简单介绍 Solidity 的常用语法，使读者更加自然地过渡到 2.3.3 节和 2.3.4 节的两个智能合约案例。想了解更多关于 Solidity 语言的资料可以查阅 Solidity 官方文档：http://solidity.readthedocs.io。

1. Solodity 版本指令

Solidity 的源文件扩展名为.sol，与大多数编程语言一样，由于 Solidity 语言版本会不断升级，在作者撰写本书时，Solidity 版本已经更新到 0.6.0，为了避免代码产生不兼容风险，我们需要在一个合约开始时说明所编写的 Solidity 代码的版本号，可以用下面的一行代码表明：

```
pragma solidity >=0.4.22 <0.6.0;
```

与大多数语言一样，在一行语句之后需要用";"进行结尾。写了这行代码，源文件就不会使用低于 0.4.22 的编译器版本，也不会使用高于 0.6.0 的编译器版本进行编译。

2. 合约框架

Solidity 代码都包含在合约里，那么怎么才能知道这些代码是一个智能合约呢，一个合约开始的框架需要使用 contract 关键字表明这是一份合约。一份名为 Hello World 的空合约代码如下：

```
contract HelloWorld{
}
```

contract 也像面向对象语言中"类"的概念，大括号{ }即为合约内容，需要我们在里面添加变量、函数表明合约逻辑。

3. 数据类型

（1）无符号整型（uint）。

int 意为整数类型，而 uint 意为无符号整型，它所存储的变量不为负数，在 Solidity 中，uint 的别名为 uint256，用于存储 256 位的正数，同理也可以定义位数少的 uint8, uint16, uint32, …，通常情况下 uint 最简单也最好用。下面定义了一个无符号整型变量 age 并赋值 18：

```
uint  age = 18;
```

（2）字符串类型（string）。

变量不仅仅有数字，我们可使用 string 来创建字符串，字符串长度总是动态的，用于保存 UTF-8 编码数据。下面是给一个字符串类型的变量 myName 赋值 "Bob"：

```
string  myName = "Bob";
```

（3）数组类型。

如果你想建立一个集合，你可以使用数组类型，在 Solidity 语言中支持两种数组：固定长度数组（静态数组）和动态长度数组（动态数组）。下面给出一些示例。

固定长度为 5 的静态数组 myArray：

```
uint[5]  myArray;
```

动态长度数组 myArray：

```
uint[]  myArray;
```

固定长度为 5 的 string 类型的静态数组：

```
string[5]  stringArray;
```

（4）结构体类型（struct）。

有时我们需要使用结构体类型来封装一些属性以方便我们使用，如每个人都有姓名与年龄，那么我们就可以用结构体来封装它们使其成为一个新的数据类型，在调用结构体的属性时需要使用"结构体名.属性"的方法，结构体的创建与调用代码如下：

```
struct  Person{
string  name;
uint  age;
}
```

（5）地址类型（address）。

以太坊区块链使用的是账户模型，那么每个账户都有地址，就像前面使用 Geth 创建账户时给我们的 40 字符的地址号。在智能合约中我们可以使用 address 来创建一个地址类型的数据，下面创建了一个地址类型：

```
address  myAddress = "0x0c8965as5da5KJ126IJklh6s8d457tyh1A2b6c"
```

（6）映射类型（mapping）。

映射类型是 Solidity 特有的数据类型，它的本质是存储和查找数据所用的键值对（key/value 对），下面给出了一个创建和使用 mapping 的示例：

```
contract  sample{
mapping (address => uint)  favoriteNumber;

function  setMyNumber(uint _myNumber) public {
favoriteNumber[msg.sender] = _myNumber;
    }
}
```

这个合约里面定义了一个映射类型的 favoriteNumber，在函数体内部，我们可以将我们最喜欢的数字存储到我们的地址中，其中 msg.sender 就是代表当前调用者的地址。

为了让读者理解 mapping 的使用，这里使用了函数，如果看起来有困难可以先看下面的函数定义再回来看 mapping 的使用。

（7）布尔类型（bool）。

布尔类型是一种简单的数据类型，其值只有两种情况 true 和 false，其中前者为真，后者为假，若不设置 bool 类型的初值，则默认为 false，代码示例如下：

```
bool _a = true;
```

4. 数学运算

在 Solidity 语言中，数学运算的部分与大多数语言一样。

加法：x + y

减法：x - y

乘法：x * y

除法：x / y

求余：x % y

指数运算：x ** y

5. 判断与循环

在 Solidity 语言中的判断语法与大多数语言一样，其中 if 判断语句的语法如下：如果布尔表达式为 true，则 if 语句内的代码块将被执行；如果布尔表达式为 false，则跳过闭括号内的语句正常执行接下来的语句。

```
if(返回 bool 类型的值或表达式)
{
    /* 如果布尔表达式为真将执行的语句 */
}
```

一个 if 语句后可跟一个可选的 else 语句，else 语句在布尔表达式为 false 时执行。如果布尔表达式为 true，则执行 if 块内的代码。如果布尔表达式为 false，则执行 else 块内的代码。

```
if(返回 bool 类型的值或表达式)
{
    /* 如果布尔表达式为真将执行的语句 */
}
else
{
    /* 如果布尔表达式为假将执行的语句 */
}
```

Solidity 语言中 while 循环的语法如下：只要给定的条件为真，while 循环语句会重复执行一个目标语句，之后再次判断条件，直到条件为假时跳出循环，执行接下来的代码。

```
while(条件)
{
/* 如果条件为真将执行的循环语句 */
}
```

Solidity 语言中的 for 循环是一个允许编写一个执行特定次数循环的控制结构。其控制流程如下：判断条件，如果条件为真则执行闭括号内的循环语句，如果为假则跳出循环，在循环语句执行完之后会执行更新循环控制变量，并根据新的变量再次判断条件是否为真，为真则执行循环语句，为假则终止循环。

```
for (初始化循环控制变量;条件；更新循环控制变量 )
{
/* 如果条件为真将执行的循环语句 */
}
```

6. 函数

在合约中函数占有很重要的地位，它代表了该合约的逻辑，定义函数的基本格式为 function +函数名+（传入参数）+ {函数体}，在上面 mapping 的例子中，我们创建了一个 setMyNumber 的函数，意为输入我们最喜欢的数字，传入的参数为我们喜欢的数字_myNumber。如果你想有一个返回值你可以使用 returns（数据类型）。下面是查找我们最喜欢的数字的函数：

```
function whatIsMyNumber() returns(uint) {

return favoriteNumber[msg.value];
}
```

由于这里不需要传入参数所以()里为空，通过调用 whatIsMyNumber()函数，我们就能查询到刚才我们输入的最喜欢的数字。

7.view 与 pure

view 与 pure 都是函数修饰符，账户在调用 view 或 pure 所修饰的函数时不会消耗 Gas，但是并不是所有的函数都可以加 view 与 pure。当一个函数不修改状态时我们可以使用 view 修饰函数来节省 Gas；当一个函数既不修改状态也不读取状态时我们可以使用 pure 修饰函数来节省 Gas。表 2.6 是对修改状态和读取状态的汇总。

表 2.6　修改状态与读取状态的汇总

修改状态	读取状态
加入状态变量	读取状态变量
触发事件（events）	访问 balance 属性
创建其他合约	访问 block、tx、msg 成员（msg.sig 和 msg.data 除外）
使用 call 调用时附加了以太币	调用其他没有 prue 修饰的函数
调用其他没有 view 或 pure 的函数	
使用了低级别的调用（low-level calls）	

使用 view 的实例：

```
contract View{

    uint age = 18;

    function getAge() public view returns(uint){
    return age;
    }
}
```

这里面首先定义了一个状态变量 age，由于函数内部直接返回该状态变量，对状态变量进行了读取，但没有修改状态，所以此函数可以用 view 修饰，不能用 pure 修饰。当账户在调用 getAge() 函数时会不消耗 Gas。

使用 pure 的实例：

```
contract Pure{

    function getAge() public pure returns(uint){
    return 18;
    }

}
```

这里没有状态变量，函数直接返回 18，没有修改状态也没有读取状态所以可以用 pure 修饰，使用 pure 修饰在调用该函数时同样不消耗 Gas。

8. storage 和 memory 关键字

Solidity 中有两个地方可以存储变量，即 storage 和 memory。

storage 修饰的变量永久存储在区块链中，memory 修饰的变量则是临时存储在内存的变量，当外部函数调用完，内存型变量被移除。在大多数时并不会使用 storage 和 memory，Solidity 会自动处理它们，在函数之外声明的变量默认 storage 变量，即永久存储在区块链中，在函数体内部声明的变量往往是 memory 类型，在函数调用后消失，所以当我们想打破这种默认的存储位置时，我们需要声明存储类型。声明存储类型一般情况下用于处理函数内部的结构体或数组类型。storage 和 memory 的具体使用时机与方法会在 2.3.4 节和 2.3.5 节的智能合约实例中介绍。

2.3.2　Remix-Ethereum-IDE 简介

为了方便读者快速上手编写合约，我们使用 Remix-Ethereum-IDE 在线 IDE 来快速编写智能合约。Remix-Ethereum-IDE 是一个使用 JavaScript 语言编写的强大开源工具，你可以使用 Remix-Ethereum-IDE 快速编写、测试、调试、部署智能合约。Remix-Ethereum-IDE 既支持浏览器的使用，也支持本地使用。浏览器网址为 http://remix.ethereum.org。若想本地离线使用，下载地址为 https://github.com/ethereum/remix-ide。本书采用在线浏览器的方式编写智能合约。

打开上述网址进入 Remix-Ethereum-IDE 在线 IDE，首先我们需要点击中间的 Solidity 图标进入用 Solidity 语言编写合约的环境，此过程会在左侧栏导出很多常用插件，初始界面如图 2.28 所示。下面将结合系统的 Ballot 合约对最左侧栏重要模块进行介绍。

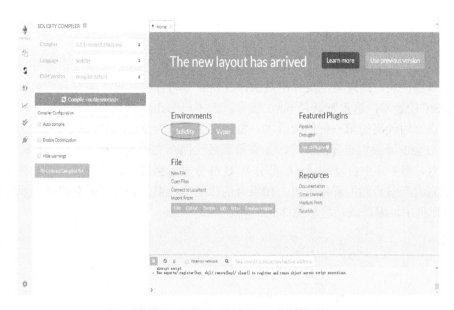

图 2.28　Remix-Ethereum-IDE 初始界面

1. 文件资源管理器

点击图 2.29 左侧圆圈处即可进入文件资源管理器栏，文件资源管理器会列出存储在浏览器中的所有合约文件，这里系统已经存在一个 Ballot 合约案例，我们点击 ballot.sol 文件就可以看到该合约。

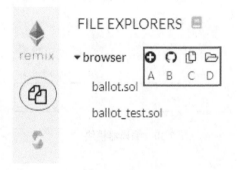

图 2.29　文件资源管理器

下面对方框处 A、B、C、D 的功能进行介绍。

A：创建新的合约文件。

B：将浏览器文件夹中的所有合约文件发布到 Gist。

C：复制所有的合约文件到另一个 Remix 实例。

D：链接本地文件到 Remix。

2. 编译器（Solidity）

首先我们需要加载一个合约，如 Ballot 合约，点击图 2.30 中圈出部分可以进入编译器模块，此模块主要作用是编译我们编写的合约，在 A 部分我们可以选择 Solidity 的版本，这里默认是 0.5.1 版本，为了对 Ballot 合约进行正确编译，我们需要在合约代码的第一行修改版本，将 0.4.22 修改为 0.5.1;（别忘了分号）。点击 B 部分会编译我们选择的合约，如果希望每次保存文件或选择另一个文件时编译该文件，需要选中自动编译（C 部分）。D 部分表示当前编译的合约，点击 E 部分可以查看当前合约的详细信息，如果合约代码有错误，在编译时会将错误反馈到 F 矩形框中。编译成功将与图 2.30 一样。

图 2.30　编译器模块

3. 运行与部署

点击图 2.31 圈出部分可以进入运行和部署模块，此模块作用主要是部署我们编译通过的合约，调用合约中的函数。

下面对各部分说明。

A：选择合约运行的环境，这里有三个环境可选。第一个 Java 虚拟机是本地虚拟机调试环境，此环境主要用于测试合约；第二个 Injected Web3 常与 Metamask 钱包一起使用；第三个 Web3 Provider 使得 Remix 与远程节点连接，例如 Geth。

B：系统提供的测试账户，共有五个，每个账户带有 100ether。如果用户部署合约或调用合约函数可能会花费账户中的以太币。

C：Gas 上限，这在前文中详细解释过，这里默认的 GasLimit 已经足够大，不需要更改。

图 2.31　运行与部署模块

D：选定账户后可以在此栏填写数值，代表交易金额。注意这里的单位是 wei，在合约代码中 msg.value 的值通常就是这里的 Value。

E：当前运行的合约，目前为 Ballot 合约。

F：部署合约。

G：可以手动添加与运行合约交互的地址。

点击 F 部分的 Deploy 部署投票合约会出现调用合约中函数的功能，如图 2.32，如果你并没有这些功能，请点击图 2.32 中 "左上角的向下箭头" 部分显示这些函数。图中 delegate、giveRightTo…、vote 三个函数需要我们传入参数去调用，参数格式也在后面给出了提示，最后一个 winningPro…函数无须传入参数即可调用。

每当我们部署或调用合约函数时会在编写代码区域的下面显示我们与 Remix 交互的结果，我们也称这里为终端，图 2.33 为我们部署了 Ballot 合约后终端反馈的信息。如果你没有这些信息请点击图中圈出部分。

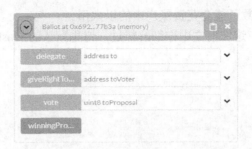

图 2.32   合约函数

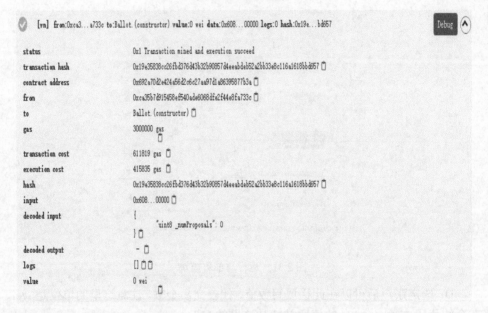

图 2.33   部署 Ballot 合约后的终端界面

具体字段的含义如表 2.7。

表 2.7   具体字段的含义

字段	含义
status	当前交易的状态
transaction hash	交易的哈希
contract address	合约地址
from	交易发起方地址
to	交易接收方地址
Gas	交易估计要消耗的 Gas
transaction cost	交易送至以太坊区块链所耗费的 Gas

续表

字段	含义
execution cost	虚拟机（VM）执行所需的 cost
hash	交易的哈希
input	输入值的哈希
decoded input	输入值的哈希解码
decoded output	输出值
logs	日志
values	转账金额

2.3.3　合约实例——Hello World 合约

在学任何一门编程语言时，学的第一句话一般都是 Hello World，在入门智能合约时，我们也采用这个惯例，先着手一个简单的 Hello World 合约，再去学习其他复杂的合约。Hello World 合约非常简单，其功能仅仅是输出 Hello World，通过这个简单实例让读者明白合约的具体形式与使用 Remix 测试合约的过程。

打开 Remix 浏览器，在文件资源管理器中新建一个 Hello World.sol 文件，在创建文件时即使不输入.sol，编译器也会自动在结尾生成.sol。具体过程如图 2.34 所示。

图 2.34　新建 Hello World 合约

1.　编写代码

在编写代码区域编写合约代码，完整代码如下：

```
pragma solidity ^0.5.1;
contract Hello World{
function say() public pure returns(string memory){
return "Hello World"
    }
}
```

2.　代码说明

```
pragma solidity ^0.5.1;
```

此行代码选择契合编译器（Solidity）的 0.5.1 版本，注意写代码时不要忘记分号。

```
contract Hello World{
```

此行代码使用 contract 关键字创建 Hello World 框架。

```
function say() public pure returns(string memory){
```

此行代码使用 function 创建了一个 say()函数无参数传入，public 修饰表明对外可调用，由于函数体内部没有修改状态也没有读取状态，所以用 pure 修饰节省 Gas。在函数中写返回值类型使用 returns()，别忘了 s，括号内部写明返回值类型为 string，在新版本中当返回值类型为 string 时，需要在其后面加上 memory 关键字，否则会报错。

```
return "Hello World"
```

此行代码为直接返回 "Hello World"。

3. 代码编译

编写好代码，进入编译器模块点击 Compile Hello World.sol 开始编译合约，如果没有问题则与图 2.35 一致。

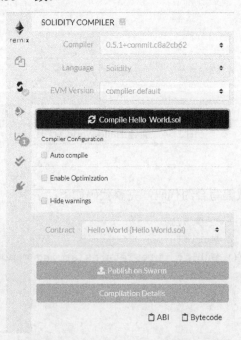

图 2.35 Hello World 合约编译成功

4. 部署测试

成功编译合约后我们就可以在 Remix 中进行部署测试，过程如图 2.36 所示。首先点击 1 部分进入运行部署模块，对 Hello World 合约而言其余参数不需要调整，直接点击 2 部分进行合约的部署，部署成功会发现 5 部分我们的账户余额会减少（由于部署合约花费了 Gas），部署成功会在 3 部分出现我们的 Hello World 合约，点击下拉栏会在 4 部分出现合约中的函数，点击 say 调用函数会在下面看到输出了 Hello World。注意当我们调用 say 函数时，账户余额是不会减少的，读者可以下拉 5 部分的账户栏具体看到余额进行对比。

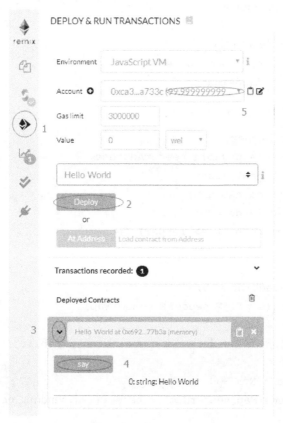

图 2.36　部署 Hello World 合约

2.3.4　合约实例——众筹合约

Hello World 合约是一个简单的入门级合约，为了让读者更好地理解智能合约实用性与认识 Solidity 语言的独特之处，下面我们看一个稍复杂的智能合约实例：众筹合约。

　　下面的众筹合约实现了这样一个功能：用户可以发起一个众筹事件，并且可以有多个用户来为该需求者捐赠资金，当捐赠资金总额达到需求者的目标后，可以将捐赠资金转到需求者账户中，并且该合约还可以随时查看需求者的目标资金、已获募集到的资金、捐赠者个数。

1. 编写代码

在 Remix 中新建一个 ZhongChou.sol 合约，完整代码如下：

```solidity
pragma solidity ^0.5.1;
contract ZhongChou{

    struct funder{
        address funderAddress;
        uint fundAmount;
    }

    struct needer{
        address payable neederAddress;
        uint goalAmount;
        uint gainAmount;
        uint funderNum;
        mapping(uint => funder) funderMap;
    }

    uint neederNum= 0;
    mapping(uint => needer) neederMap;

    function newNeeder(uint _goalAmount) public {

        neederNum ++;
        neederMap[neederNum] = needer(msg.sender,_goalAmount,0,0);
    }

    function getNeeder(uint    _neederAmount)    public    view
returns(uint _goalAmount,uint _gainAmount){

        needer memory _needer = neederMap[_neederAmount];
        return (_needer.goalAmount,_needer.gainAmount);
```

```
        }

        function donate(uint _neederAmount) payable public{

            needer storage _needer = neederMap[_neederAmount];
            require(msg.value > 0);
            _needer.gainAmount += msg.value;
            _needer.funderNum ++;
            _needer.funderMap[_needer.funderNum] = funder(msg.sender,
msg.value);
            _needer.neederAddress.transfer(msg.value);
        }

        function checkComplete(uint _neederAmount) public view
returns(bool) {

            needer storage _needer = neederMap[_neederAmount];
            if(_needer.gainAmount >= _needer.goalAmount) {
                return true;
            }
            else{
                return false;
            }

        }

    }
```

2. 代码说明

```
pragma solidity ^0.5.1;
```

此行代码依旧说明版本为 0.5.1，结尾别忘记加分号。

```
contract ZhongChou{
```

此行代码创建众筹合约框架。

```
struct funder{
    address funderAddress;
    uint fundAmount;
}
```

此段代码定义了一个结构体类型 funder 来封装捐赠人 funder 的属性，属性有捐赠人地址 funderAddress、捐赠人捐赠的资金数 fundAmount。

```
struct needer{
    address payable neederAddress;
    uint goalAmount;
    uint gainAmount;
    uint funderNum;
    mapping(uint => funder) funderMap;
}
```

同理此段代码定义了一个结构体类型 needer 来封装需求者 needer 的属性，属性有需求者的地址 neederAddress、需求者预计需求的资金目标 goalAmount、需求者已经筹得的资金数 gainAmount、捐赠次数 funderNum、捐赠人 ID 与捐赠人信息的映射 funderMap，可以使用 ID 来查询捐赠人 funder 的信息。由于后面代码使用了 neederAddress 的转账（transfer）方法，所以这里必须加 payable（可支付），否则编译报错。

```
uint neederNum= 0;
```

此行代码定义了初始需求者的数目为 0。

```
mapping(uint => needer) neederMap;
```

此行代码定义了一个映射类型 neederMap，其目的是通过需求者的 ID 查询对应需求者 needer 的属性。

```
function newNeeder(uint _goalAmount) public {

    neederNum ++;
    neederMap[neederNum] = needer(msg.sender,_goalAmount,0,0);
}
```

此段代码定义了一个 newNeeder 函数，其目的是允许需求者发起众筹事件，申请需求者身份，需求者调用此函数需要传入其目标资金数目。每当有一个需求者申请了众筹事件那么需求者数量就加一，之后将该需求者的信息存储到其 ID 中。Needer()正是前面的结构体类型 needer，按结构体内部的顺序依次存储，msg.value 即此时调用 newNeeder 的地址也就是需求者地址，_goalAmount 为传入的目标资金参数。由于初始创建众筹事件，所以已筹得资金与捐赠者数目都为 0。

```
function getNeeder(uint _neederAmount) public view returns
(uint_goalAmount,uint _gainAmount){

    needer memory _needer = neederMap[_neederAmount];
```

```
        return (_needer.goalAmount,_needer.gainAmount);

    }
```

此段代码定义了一个 getNeeder 函数，作用是可以使捐赠者通过需求者 ID 来查询该需求者的目标资金与已筹得资金，进而使捐赠者不盲目捐赠。该段代码是通过捐赠者传入的需求者的 ID 找到了对应需求者的全部信息，并存储于结构体类型实例的 _needer 中，由于此信息只需存储在内存中故使用 memory 修饰。返回值为我们需要的两个参数，即需求者的目标资金与已筹得资金。

```
function donate(uint _neederAmount) payable public{

    needer storage _needer = neederMap[_neederAmount];
    require(msg.value > 0);
    _needer.gainAmount += msg.value;
    _needer.funderNum ++;
    _needer.funderMap[_needer.funderNum] = funder(msg.sender,
msg.value);
    _needer.neederAddress.transfer(msg.value);
    }
```

此段代码定义了一个 donate 函数，使得捐赠者可以给需求者捐钱，捐赠者需要传入需求者 ID 来找到该需求者的信息，此函数使用 payable 修饰也是因为函数内部使用了 transfer 方法。首先通过 ID 找到该需求者的实例，只不过这里使用 storage 修饰，因为此信息需要永久存储在区块链中。require 使得捐赠者捐赠的资金必须大于 0 才可以继续执行。接下来更新 gainAmount 已获得的资金数值，资金并没有转账到需求者账户。每调用一次 donate 函数，捐赠次数加一。将捐赠者信息存储在该捐赠者 ID 中，msg.sender 为调用该函数的地址也就是捐赠者地址，msg.value 为捐赠金额。最后使用 transfer 方法，将捐赠金额转账到此 ID 的需求者的地址 neederAddress 中。

```
    function checkComplete(uint _neederAmount) public view returns
(bool) {

    needer storage _needer = neederMap[_neederAmount];
    if(_needer.gainAmount >= _needer.goalAmount) {
        return true;
    }
    else{
        return false;
    }

    }
```

此段代码定义了 checkComplete 函数，目的是可以使得调用者通过传入需求者的 ID 来查看该需求者的众筹项目是否完成，捐赠者可以以此来判断该需求者是否还需要捐赠，返回值为 bool 类型。首先通过 ID 来调用此需求者的实例。接下来判断该需求者的已获得资金是否大于等于目标资金，若大于等于说明众筹完成，返回真，若小于说明众筹未完成，返回假，至此代码结束。

3. 代码编译

编写好代码，进入编译器模块点击"Compile ZhongChou.sol"开始编译合约，如果没有问题则与图 2.37 一致。

图 2.37   ZhongChou 合约编译成功

4. 部署测试

首先进入运行部署模块，直接点击"Deploy"部署合约会出现合约中调用函数的功能，如图 2.38 所示。

图 2.38   部署 ZhongChou 合约

为了准确查看账户的以太币余额，我们需要将上面的五个测试账户分开扮演需求者和捐赠者的账户。由于第一个测试账户部署了众筹合约，以及花费了 Gas（Gas 最后会转化为以太币，所以显示的是消耗以太币），下面我们调换一下上面的测试账户，来扮演需求者。如图 2.39 所示，我们将第二个账户当作需求者账户，此时毫无疑问需求者有 100ether。

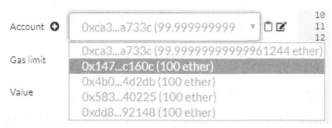

图 2.39　切换需求者账户

接下来该需求者需要申请需求者身份，即调用合约中的 newNeeder 函数，如果一个函数需要传入参数，在这个函数后面也会提示你需要传入参数的类型与意义。如图 2.40 所示，我们设定该需求者的目标金额 goalAmount 为 5000wei，注意单位为 wei 而不是 ether。输入参数后点击 newNeeder 就能成功创建一个需求者身份，并且我们知道我们的 ID 为 1。

图 2.40　设置目标金额

由于调用 newNeeder 函数也会消耗 Gas，为了之后准确查看捐赠情况，此时需记录需求者账户初始余额，如图 2.41 所示。

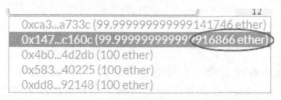

图 2.41　记录需求者账户初始余额

需求者身份创建成功之后就会有多个捐赠者捐赠，调换上面的测试地址扮演 1 号捐赠者，这里选用的第三个地址如图 2.42 所示。

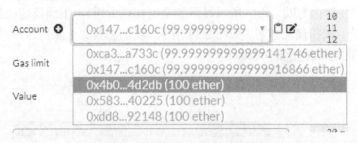

图 2.42　切换 1 号捐赠者账户

1 号捐赠者在捐赠前，可以通过传入需求者 ID 调用 checkComplete 函数查看该需求者是否已经完成了众筹，如果完成则不需要为其捐赠资金，如果 1 号需求者还没有人为其捐赠结果必定为 false，调用结果如图 2.43 所示。

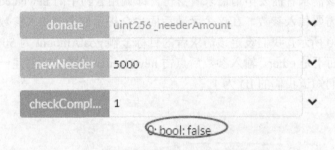

图 2.43　检查众筹是否完成

1 号捐赠者知道了 1 号需求者的众筹需求没有完成，接下来他可以调用 getNeeder 函数查看 1 号需求者需要的目标资金与已获得资金，传入参数 1，点击 getNeeder，调用结果如图 2.44 所示。

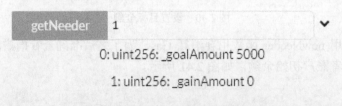

图 2.44　调用 getNeeder 函数

通过调用 getNeeder 函数，1 号捐赠者知道了目标资金为 5000wei，已获得捐赠资金为 0，因此 1 号捐赠者尽其所能地捐赠了 3000wei 给 1 号需求者，调用 donate 函数时注意不要传入捐赠金额，需传入参数 1 代表需求者 ID，3000wei 需要在上面的 Value 框里输入，过程如图 2.45 所示。

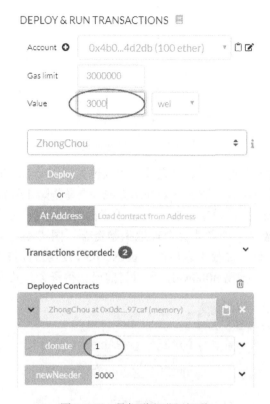

图 2.45　1 号捐赠者进行捐赠

　　在调用 donate 函数前，第三个账户也就是 1 号捐赠者的余额还是 100ether，点击 donate，捐赠 3000wei，此时的余额差一定大于 3000wei，因为调用 donate 函数也会消耗账户的 Gas，我们重点是关注需求者的账户余额，所以并不需要实时记录捐赠者的余额。点击 donate 捐赠，完成一号捐赠者的捐赠，此时需求者账户实时多了 3000wei，如图 2.46 所示，尾数由 16866 增加到了 19866。

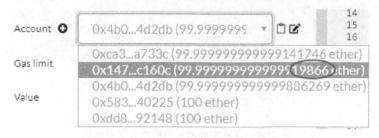

图 2.46　需求者账户余额增加 3000wei

　　1 号捐赠者捐赠完毕，我们继续调换上面的账户扮演 2 号捐赠者，这里选用第四个账户，如图 2.47 所示。

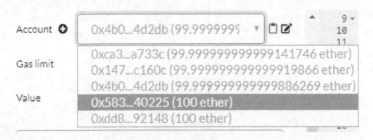

图 2.47　2 号捐赠者账户

2 号捐赠者并不知道众筹是否完成，所以也先调用 checkComeplete 函数，结果也是 false，2 号捐赠者知道了众筹并未完成，准备捐赠 1 号需求者，在捐赠前，他也会调用 getNeeder 函数来查看 1 号需求者的目标金额与已筹得金额，只有查看 getNeeder 函数，捐赠者才会合理地捐赠资金。图 2.48 为 2 号捐赠者调用 getNeeder 函数，在传入参数 1 之后点击 getNeeder，发现目标资金依旧是 5000wei，由于 1 号捐赠者已经捐赠 3000wei，所以目前已获得资金总共为 3000wei。

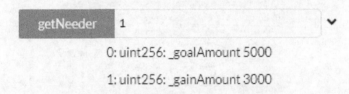

图 2.48　2 号捐赠者调用 getNeeder 函数

2 号捐赠者在了解了众筹情况后打算把剩余的 2000wei 补齐，故 2 号捐赠者传入参数 1，并且在 Value 一栏填写 2000，点击 donate 完成捐赠。至此我们知道 1 号捐赠者的众筹项目已完成，1 号捐赠者账户的余额如图 2.49 所示，后五位数为 21866，正好比初始余额多 5000wei。

图 2.49　众筹完成后 1 号需求者账户余额

此时若还有捐赠者想了解 1 号需求者的众筹情况就可以调用 checkComplete 函数，发现结果已为 true，故不需要再捐赠，当然其余的捐赠者也可以调用 getNeeder 函数来了解众筹的具体情况，图 2.50 为调用 checkComplete 函数结果，

图 2.51 为调用 getNeeder 函数结果，这里调用的账户并不重要，因为由于在编写众筹合约时这两个函数使用了 view 修饰，所以调用这两个函数都不需要花费 Gas，至此众筹合约测试结束。

图 2.50　调用 checkComplete 函数结果

图 2.51　调用 getNeeder 函数结果

2.3.5　合约实例——Ballot 合约

在了解了上述两个合约之后，读者已经对智能合约的作用以及 Solidity 语言有了进一步了解，下面我们来看一下 Remix 官方给出的 Ballot 合约。

该投票合约实现了这样一个功能：首先主持人可以发布该投票合约，公布投票提案索引，投票者可以自己获得投票权，但是每人只能投票一次，并且投票者可以将投票权委托给他人，最后可以根据每个提案的票数产生胜出提案。

1. 编写代码

进入 Remix 可以在图 2.52 中找到投票合约的官方示例，代码已经给出，这里不再赘述，主要讲解代码含义，以及后面的部署测试部分。

图 2.52　选择 Ballot 合约文件

2. 代码说明

```
pragma solidity >=0.4.22 <0.6.0
```

此行代码依旧表示版本信息，由于这个投票合约一直是 Remix 官方的示例，为了适应 Solidity 版本的不断更新，此行代码表示兼容 Solidity 0.4.22 到 0.6.0 版本。

```
struct Voter {
    uint weight;
    bool voted;
    uint8 vote;
    address delegate;
}
```

此段代码定义了一个结构体类型 Voter 来封装投票者 Voter 的属性，属性有：无符号整型的 weight 表示投票权重；布尔类型的 voted 表示是否已经投过票，true 表示已投票，false 表示未投票；8 位无符号整型的 vote 表示提案索引号；地址类型的 delegate 表示委托投票者。

```
struct Proposal {
    uint voteCount;
}
```

此段代码定义了一个结构体类型 Proposal，表示提案，包括提案获得的累计票数。

```
address chairperson;
mapping(address => Voter) voters;
Proposal[] proposals;
```

这几行代码定义了：地址类型的主持人 chairperson；映射类型 voters，使得可以通过投票者地址查询到其 Voter 结构体，也就是通过地址查询投票者信息；一个可以存储 Proposal 结构的动态数组 proposals。

```
constructor(uint8 _numProposals) public {
    chairperson = msg.sender;
    voters[chairperson].weight = 1;
    proposals.length = _numProposals;
}
```

constructor 为构造函数，等同于 function Ballot（注意此函数名与合约名一样）。该构造函数的意义在于发布 Ballot 合约时会立刻调用此函数，并结合下面一行代码将发布合约者定为主持人，该函数需要传入提案个数；函数内部规定了该合约发送者为主持人；映射类型的 voters 通过主持人地址查询到了其 Voter 结构体，并将主持人的投票权重赋值了 1；传入的参数赋值给提案个数。

```
function giveRightToVote(address toVoter) public {
    if (msg.sender != chairperson || voters[toVoter].voted) return;
    voters[toVoter].weight = 1;
}
```

此段代码定义了一个主持人授予投票权的函数，需要传入被授权的投票者的地址。如果调用该函数者不是主持人或者被授权者已经投过票，则跳出函数，授权失败；当调用函数者既不是主持人，也没有参与投票，则授予该调用函数者权重为 1 的投票权。

```
function delegate(address to) public {
    Voter storage sender = voters[msg.sender];
    if (sender.voted) return;
    while(voters[to].delegate != address(0) &&voters[to].delegate!=
msg.sender)
    to = voters[to].delegate;
    if (to == msg.sender) return;
    sender.voted = true;
    sender.delegate = to;
    Voter storage delegageTo = voters[to];
    if (delegateTo.voted)
        proposals[delegateTo.vote].voteCount += sender.weight;
    else
        delegateTo.weight += sender.weight;
}
```

此段代码定义了一个委托功能的函数，需要传入受委托人的地址。函数内部通过调用函数者的地址创建一个 sender 实例，storage 修饰表示此信息永久存储在区块链中，if (sender.voted) return 表示如果投票者已经投过票则没有被委托权，跳出函数，否则代码继续进行。

接下来的循环语句，表示如果受委托人的地址存在并且受委托人的委托属性不是调用合约者自己（也就意味着你要委托的代表也将投票权委托给了别人），那么将受委托人 to，变成了 to 的委托人，也就是受委托人如果也将投票权委托给了别人，那么将指向最终受委托人。

接下来的 if 验证受委托人是不是自己。这里不允许受委托人是自己，如果是自己则委托失败，跳出函数，然后将 sender 的 voted 属性赋值为 true 表示已投票，将受委托人地址赋值到 sender 的 delegate 属性，通过受委托人地址创建了该受委托人实例 delegateTo。

接下来的一个条件分支语句表示，如果受委托人已投票则将投票者的权重累加到受委托人投的提案票数，如果受委托人还没有投票则将自己的权重累加到受委托人的权重上去。到此 delegate 函数结束。

```
func vote(uint8 toProposal) public {
    Voter storage sender = voters[msg.sender];
    if (sender.voted || toProposal >= proposals.length)
        return;
    sender.voted = true
    sender.vote = toProposal;
    proposals[toProposal].voteCount += sender.weight;
}
```

此段为核心的投票函数代码，该函数需要传入提案索引号（给几号投）。首先通过调用该函数的投票者的地址获取其实例 sender；然后判断投票者是否已投票或者传入的提案索引号是否超出总范围，至少满足其一则投票失败，跳出函数；接下来表示该调用者已投票，赋值其投的提案索引号，将调用者的投票权重累加到其提案索引号的票数上。

```
function winningProposal() public view returns (uint8 _winningProposal) {
    uint256 winningVoteCount = 0;
    for (uint8 prop = 0; prop < proposals.length; prop++)
        if (proposals[prop].voteCount > winningVoteCount) {
            winningVoteCount = proposals[prop].voteCount;
            _winningProposal = prop;
        }
}
```

此段代码根据票数得到胜出提案，定义了确定胜出提案的函数 winningProposal，返回胜出的提案索引号_winningProposal。函数首先初始化了当前胜出的投票数；for 循环中首先定义一个初始变量 prop（这里就是提案索引号）为 0，如果 prop 小于提案索引号的范围则自加 1，如果 prop 超出范围则跳出循环，这样可以使得提案索引号范围内的提案票数都进行比较；循环内部的 if 语句判断第 prop 个提案票数是否大于当前胜出的投票数，如果大于则将该提案的票数覆盖到当前胜出的投票数；通过多次循环最终将票数最多的提案索引号 prop 赋值到要返回的胜出提案索引号_winningProposal，程序结束。

3. 代码编译

编译步骤与之前一样，这里 Solidity 的版本继续使用默认的 0.5.1 即可，代码编译成功则进行下一步部署测试。

4. 部署测试

由于 Remix 提供的测试账户只有 5 个，其中一个账户（这里使用第 5 个账户充当主持人）需要以主持人的身份发布合约，所以真正参与投票的账户只有 4 个（前 4 个账户）。这里投票提案数定为 4 个进行测试，注意提案长度为 4，由于数组的性质，真正的提案索引号为 0、1、2、3，为了模拟真实性这里舍弃 0 号提案（不投 0 号提案），4 个账户只对 1、2、3 号提案进行投票。

进入 Remix 的部署测试模块，选择第 5 个账户充当主持人发布合约，这里主持人部署（Deploy）合约时需要传入提案个数，这就是代码中构造函数的作用。我们在 Deploy 后面输入 4，点击 Deploy，如图 2.53 所示，代表主持人发布了合约并规定提案个数为 4。

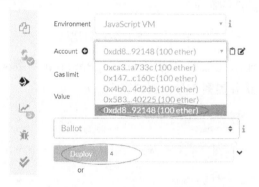

图 2.53　主持人发布合约

主持人发布合约之后需要给账户投票权限。这里以主持人给第 1 个账户（1 号账户）投票权为例，首先在账户栏选择第 1 个账户，并复制地址（点击圈出部分），如图 2.54 所示，复制完毕切换到第 5 个账户也就是主持人账户。因为只有主持人才可以授权，在下面的 giveRightToVote 函数传入刚才复制的 1 号账户地址，如图 2.55 所示，点击 giveRightToVote 授予 1 号账户投票权，可以关注控制台信息来判断调用是否成功，否则后面多次授权可能会混乱。依照这个方法分别给 4 个账户授予投票权。

为了测试该投票合约的功能是否完整，下面将分四种情形进行测试。

第一种情形：1 号账户投 1 号提案，2 号账户投 2 号提案，3 号账户投 3 号提案，4 号账户投 3 号提案，3 号提案获胜。

图 2.54　复制地址

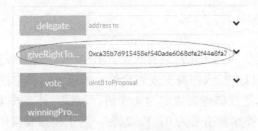

图 2.55　授予 1 号账户投票权

授权完毕，选择 1 号账户，在 vote 函数中传入 1，点击 vote，代表给 1 号提案投票，如图 2.56 所示，同理分别切换 2、3、4 号账户分别给 2、3、3 号提案投票。

图 2.56　给 1 号提案投票

投票完毕可以使用任意账户调用 winningProposal 函数来查看获胜详情，如图 2.57 所示，返回获胜提案 3 号，测试完毕。

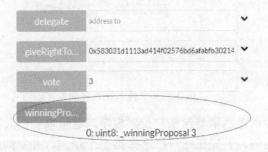

图 2.57　调用 winningProposal 函数

第二种情形：1 号账户投 1 号提案，2 号账户投 2 号提案，3 号账户投 3 号提案，4 号账户将投票权委托给 3 号账户，3 号提案获胜。

这里可以使用如图 2.58 所示的方法来关闭上个部署的合约，重复主持人（5号账户）发布合约和分别授予投票权（一定要使用主持人账户调用 giveRightToVote函数）的步骤，令 1 号账户投 1 号提案，2 号账户投 2 号提案，3 号账户投 3 号提案。此时调用 winningProposal 函数可以看到胜出提案为 1 号。

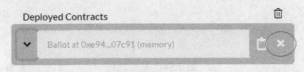

图 2.58　关闭合约

复制好 3 号账户的地址，切换到 4 号账户，如图 2.59 所示在 delegate 函数后面粘贴 3 号账户的地址，点击 delegate 表示 4 号账户将投票权委托给 3 号账户。

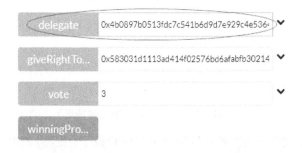

图 2.59　4 号账户将投票权委托给 3 号账户

在委托之前 1 号、2 号、3 号提案分别获得 1 票，胜出提案显示为 1 号提案，在委托之后 4 号账户的投票权重会累加到 3 号账户所投的 3 号提案中，使得 3 号提案获得 2 票，成为胜出提案，调用 winningProposal 函数，图 2.60 可以看到胜出提案变为 3 号。

图 2.60　胜出提案变为 3 号（第二种情形）

第三种情形：1 号账户投 1 号提案，2 号账户投 2 号提案，3 号账户投票权委托给 4 号账户，4 号账户投 3 号提案，3 号提案获胜。

第三种情形与第二种情形的区别在于，第二种情形是投票权委托给已经投票的账户，第三种情形是投票权委托给还没有投票的账户，这样会将投票权重累加到受委托账户的投票权重，也就是 4 号受委托账户的投票权重由 1 变为 2，可以一次投两票，下面来测试其正确性。

关闭上个合约，依旧重复主持人（5 号账户）发布合约和分别授予投票权的步骤，授权完毕令 1 号账户投 1 号提案，2 号账户投 2 号提案，此时可以调用 winningProposal 函数，图 2.61 显示 1 号提案胜出。

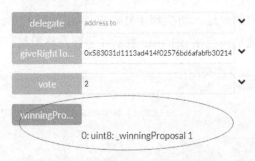

图 2.61　1 号提案胜出（第三种情形）

将 3 号投票权账户委托给 4 号账户，4 号账户投 3 号提案，调用 winningProposal 函数，图 2.62 显示 3 号提案胜出，合约正确，如果 4 号的投票权重为 1，则函数依旧返回 1 号提案胜出，只有 4 号的投票权重为 2，才能反超 1 号提案成为胜出提案。

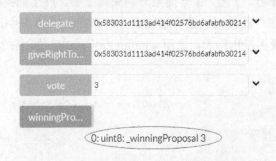

图 2.62　胜出提案变为 3 号（第三种情形）

第四种情形：1 号账户投 1 号提案，2 号账户投票权委托给 3 号账户，3 号账户投票权委托给 4 号账户，4 号账户投 3 号提案，3 号提案获胜。

关闭上个合约，重复主持人（5 号账户）发布合约和分别授予投票权的步骤，授权完毕令 1 号账户投 1 号提案，2 号账户投票权委托给 3 号账户，3 号账户投票权委托给 4 号账户，4 号账户投 3 号提案，调用 winningProposal 函数，结果同图 2.62，显示 3 号提案胜出，此情形测试了账户连续委托的正确性。

2.3.6　在测试网络中部署智能合约

上述的智能合约实例的部署都是在 Remix 上，并不是在真正的以太坊网络中。智能合约部署到以太坊网络可以借助 MetaMask 钱包。打开谷歌浏览器，启动 MetaMask 并切换到 Ropsten 测试网络，并确保已经申请到若干以太币，因为部署智能合约需要花费 Gas，同时在谷歌浏览器中进入在线 Remix 网址。这里以上面编写过的 Hello World 合约为例，首先编译通过，在部署界面的 Environment 菜单中选择第二项 Injected Web3，如图 2.63 所示，会弹出如图 2.64 所示的 Remix 链接 MetaMask 的界面，点击 Connect 完成链接。

在 Remix 中点击 Deploy 部署合约会弹出如图 2.65 的确认界面，该界面会显示花费 Gas 的细节，点击确认会确认部署该合约到以太网测试网络中。

图 2.63　选择 Injected Web3

图 2.64　Remix 链接 MetaMask

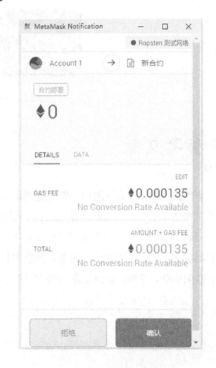

图 2.65　确认合约部署界面

合约部署与转账一样需要矿工确认，在未确认前合约呈现如图 2.66 所示的界面。

图 2.66　等待确认

等待矿工确认完毕会呈现如图 2.67 所示的界面，合约确认部署完毕会在 Remix 中出现合约地址与合约方法。

图 2.67　确认完毕

至于将合约部署到以太坊主网，只要将如图 2.68 所示的 Ropsten 测试网络转换到以太坊主网即可，但是以太坊主网的以太币获取没有测试网络容易。

图 2.68　切换到以太坊主网

■ 参考文献

[1] 李佳潞. 基于区块链的粮食供应链溯源方案的研究[D]. 北京：北京邮电大学，2019：8-30.

[2] 丁文文，王帅，李娟娟，等. 去中心化自治组织：发展现状、分析框架与未来趋势[J]. 智能科学与技术学报，2019，1(2)：202-213.

[3] 刘家稷. 基于区块链技术的溯源系统[D]. 成都：电子科技大学，2019：6-20.

[4] 欧阳丽炜，王帅，袁勇，等. 智能合约：架构及进展[J]. 自动化学报，2019，45(3)：445-457.

第3章

第三代区块链 NEO

第三代区块链项目着手从不同角度解决以太坊现有的问题。所有区块链系统和协议都在努力构建一个可以在真实世界使用和应用的软件基础。对区块链而言,广泛的应用就等于成功。本章将区块链的应用性质分解为三个关键属性:可扩展性、互操作性和整体易用性[1]。

(1)可扩展性。

可扩展性一直是区块链技术的核心,是指在保持低交易费用和不降低共识效率的前提下,允许尽量多的用户在区块链上活动。对于第一代和第二代区块链(比特币、以太坊)来说,其扩展性受限于它们较低的共识效率,具体表现为出块时间较长,比特币平均出块时间在 10min 左右,以太坊平均出块时间在 14s 左右,虽然与以太坊相比比特币已经有了长足的进步,但 14s 的共识效率和出块时间仍然无法满足大多数的实际应用场景。

比特币设定它的每个区块的大小是 1MB,它的出块时间(确认时间)是 10min。我们来看看这意味着什么:1MB 代表每个区块包含约 2000 笔交易。众所周知,矿工计算机是通过解决数学公式来向区块链中添加区块的,10min 的出块时间代表比特币的数学公式平均需要 10min 来解决。所以这意味着比特币的效率是每 10min 出一个 1MB 的区块(2000 笔交易),这是非常非常缓慢的。1MB/10min 转换为下载速度就是 0.00167MB/s,而移动支付公司维萨(VISA)处理交易的速度比比特币快 7200 倍。

为了提高吞吐量(throughput)和每秒交易数(transaction per second,TPS),第三代区块链开始采用创新的共识协议,甚至为了可扩展性而牺牲去中心化,在特定条件下这是可行的。我们认为,第一代、第二代区块链技术已经解决了功能问题,使得信息去中心化传递、存储以及加密数字货币的梦想成为现实,接下来的第三代、第四代等后续需要在此基础上解决性能问题。

(2)互操作性。

不同的区块链具有不同的数据结构、不同的共识机制、不同的表达形式、不同的编程语言,等等。这些不同之处统称为不同的协议。随着区块链技术的发展,越来越多种类的区块链应用涌现，那么各种区块链之间的资源和数据也存在着沟通的需求，我们将这种需求称为互操作性。如果把不同的区块链类比为不同的国家，那么互操作也可以类比于国与国之间的沟通和协调，但是不同的国家有着不同的语言、不同的文化和习俗，那么沟通时就需要一个中间层用于翻译，但是对区块链来说中间层毕竟增加了系统的开销，也增加了产生歧义的概率，那么更好的解决方案是什么呢？假设有这样两个国家，经过了长期的沟通磨合之后，两个国家的国民掌握了对方的语言，熟悉了对方的文化和习俗，那么两者之间的沟通就不再需要翻译，可以做到随时随地流畅、无缝地交流。这种理想状态也是区块链的互操作性所努力追求的目标，这意味着区块链项目正在从简单的智能合约互操作性，转向跨区块链的无缝共享信息。这些协议能够自由无缝地合作，而不需要在不同的网络之间建立额外的中间层[1]。

（3）整体易用性。

除了可扩展性和互操作性，对于实体经济的基础平台来说，还应具有易用性，即能够让用户和开发人员轻松使用。我认为易用性的最终目标是终端用户甚至不知道他们正在使用区块链。例如，将以太坊地址表示成便于理解和记忆的形式。

以下是一些第三代区块链的代表性项目，它们都从不同角度解决了第二代区块链面临的挑战[1]。

（1）NEO。

体现了互操作性、可扩展性和易用性，但是牺牲了一定程度的去中心化。NEO（小蚁区块链）连接起了这个生态系统中的众多区块链如 Ontology 和 Elastos，并将私有企业和公共的区块链整合起来。它有很强大的可扩展性、高效的交易速度，还开发了链下的解决方案。NEO 和 NEO 社区专注于开发允许企业和个人用户进行简单开发区块链的项目。

（2）EOS。

为终端用户和开发人员实现了易用性。用户可以免费与商用分布式设计区块链操作系统 EOS 进行交互，且基于名字的地址更加易读。它的共识机制基于权益证明（proof of stake，PoS）机制，理论上可以支持每年几十万次的交易。

（3）MatrixChain。

将人工智能与区块链融合在一起，最终优化用户体验。人工智能可以审核智能合约和代码，以排除合约漏洞和故障。用户只需用简单的脚本语言输入他们想要的合约规定，人工智能再将它转换成智能合约。MatrixChain 的共识机制融合了 PoW 和 PoS 两种方法，既保证了安全性也保证了效率。

本书接下来重点介绍 NEO，以及基于 NEO 衍生得到的 Zoro。

3.1　NEO 白皮书

3.1.1　NEO 的设计目标

　　NEO 是一个无中心节点的网状网络，使用区块链技术和个人数字识别技术，通过智能合约实现资产数字化和数字资产的自动管理，从而实现由智能计算机和信息网络组成的智慧经济，达到 NEO 的设计目标，即构建智能经济。

3.1.2　NEO 中的数字资产

　　数字资产是可编程和可控制的电子形式的资产。区块链技术能实现资产数字化，其特征是可以实现多方配合完成工作、共享、自治、公开透明可追溯。NEO 支持许多基层数字资产，用户可以登记、自由交易和移动资产，并实现使用数字识别数据显示实体资产的对应关系。用户根据合法的数字身份登记的资产是受法律保护的。

　　NEO 中存在两种数字资产，分别为合约资产和全局资产。全局资产是存在于系统中的，用户和智能合约可以直接进行访问；合约资产存在于系统的私密空间中，只有兼容它的客户端才会进行识别。合约资产在某种特定的标准之下，可以与很多的客户端兼容。

3.1.3　NEO 中的数字身份

　　数字身份是指以电子形式存在的身份，用于识别个人、组织和物品的信息。目前改进的数字身份系统是以 X.509 公钥基础设施（public key infrastructure，PKI）标准为基础的。NEO 实现了 X.509 兼容的数字身份标准，这套标准除了与 X.509 证书签发模式兼容，还将有助于建立网络信任（web of trust）式点对点的证书签发模式。此外，还通过识别指纹、声音和文字通信等手段，确保数据在签发和使用阶段进行真实比较。

3.1.4　NEO 中的智能合约

　　NEO 有独立的智能合约体系——NeoContract，其使用者没有必要再去学习一门新语言，他们完全可以使用自己熟悉的编程语言来进行智能合约的编译，这也就是智能合约的最大优势。通用的 NEO 虚拟机（NEO virtual machine，Neo VM）具有高确定性、高并发性和高扩展性等优势。NeoContract 允许开发人员迅速发展智能合约。

3.1.5　NEO 中的应用与生态

生态是实现开源社区项目的基础。NEO 计划致力于开发环境，提供成熟的开发者发展工具，完善文件并给予教育和财政支持，这样做的目的是实现智能经济网络。我们将会对 NEO 中的应用与生态提供支持，并对完善与提升体验的设计给予奖励。

3.1.6　NEO 中的经济模型

NEO 有两种原生代币，分别为 NEO 代币和 Gas 代币。

NEO 代币的管理代币共计一亿份，NEO 网络的管理权是通过投票来决定的。通过投票，可以选出共识节点，也可以将 NEO 网络的参数进行修改。NEO 代币的最小单位为 1，不可再分割。

在使用 NEO 网络时，需要一种燃烧代币来对其进行资源控制，这种燃烧代币就是 Gas 代币。Gas 代币最大容量为 1 亿。NEO 网络针对代币存储、转移和智能合约等操作进行收费，这为建立共识节点提供了经济刺激，使资源不再浪费。Gas 代币的最小单位为 0.00000001。

综上，NEO 代币是权益凭证，持有 NEO 代币的人有投票权。拥有的 NEO 代币越多，拥有的权利就越大。Gas 是使用智能合约时需支付的燃料费。

3.1.7　NEO 中的分发机制

（1）NEO 代币的分发。

NEO 中的 1 亿份管理代币分为两部分，第一部分 5000 万份 NEO 代币用于按轮次和比例分发给 NEO 开发经费众筹的支持者，该部分已经分发完毕。

第二部分是 NEO 理事会管理的 5000 万份 NEO 代币，为支持 NEO 网络的长期发展、运作和生态发展。该部分的 NEO 代币在 2017 年 10 月 16 日之前处于封闭状态，目前没有更新状态。这部分 NEO 代币将不参加交易所交易，只用于长期支持 NEO 项目，计划按如下比例分配使用：

1000 万份（总量 10%）用来勉励 NEO 开发者和 NEO 理事会成员。

1000 万份（总量 10%）用来勉励 NEO 周边生态开发者。

1500 万份（总量 15%）用来交叉投资其他区块链项目，收到的代币归属于 NEO 理事会，且只用于 NEO 项目。

1500 万份（总量 15%）机动使用。

NEO 代币每年使用的数量不应超过 1500 万份。

（2）Gas 代币的分发。

每个新区块产生，也就对应产生 Gas 代币。最初区块个数为零，Gas 代币也相应为零，随着新区块的产生，Gas 代币的数量也随之变多，大约在 22 年后会达到峰值（一亿个）。NEO 产生两个区块之间的时间间隔为 15～20s，这样每年产生的区块大约为 200 万个。

第一年（实际为 0～200 万个区块），每个区块产生 8 个新的 Gas 代币；第二年（实际为第 200～400 万个区块），每个区块产生新的 7 个 Gas 代币；类似地，每年减少一个 Gas 代币，直至第 8 年递减至每个区块新生成一个 Gas 代币；然后每个区块新得到一个 Gas 代币，直至大约 22 年后的第 4400 万个区块产生，Gas 代币总量到达 1 亿，则停止伴随新区块生成 Gas 代币。

根据这一发行曲线，16% 的 Gas 代币会被创建在第一年，52% 的 Gas 代币被创建在前四年，80% 的 Gas 代币被创建在前十二年。这些 Gas 代币都会按照 NEO 代币的持有比例在适当的地址登记。NEO 代币持有人可以在任何时候开始收款，并将这些 Gas 代币发送到 NEO 的地址上[2]。

3.1.8　NEO 中的治理机制

链上治理：NEO 管理代币是可以转让的代币。这种代币的持有者是 NEO 网络的所有者和管理人员。代币的持有者在网络上进行投票，从而选出管理者，然后再通过管理代币对应的 Gas 代币来使用 NEO 网络。

链下治理：NEO 理事会是 NEO 项目发起组织设立的常设理事机构，下设管理委员会、技术委员会和秘书处分别负责做出政策决定、技术决定和实施。NEO 理事会向 NEO 社区负责，并将促进和发展 NEO 生态列为优先事项。

3.1.9　NEO 中的共识机制

在 1.3.2 节，我们介绍了比特币系统如何解决共识节点间的拜占庭容错问题，下面将介绍 NEO 如何解决该问题。

NEO 采用代理拜占庭容错（delegated Byzantine fault tolerant，DBFT）机制实现共识节点之间的 "拜占庭容错"，NEO 白皮书中描述恶意共识节点小于 1/3 时，该共识机制能够保证系统的安全性和可用性。

全网中的 NEO 节点分为两类：一类为共识节点，负责与其他共识节点之间进行共识通信，产生新的区块；另一类为普通节点，不参与共识，但能够验证和接受新的区块。共识节点由全网用户通过投票产生。DBFT 的核心思想是：目前分布式系统中普遍采用的实用拜占庭容错（practical Byzantine fault tolerant，PBFT）算法，能够很好地解决分布式节点的共识问题，但是 PBFT 的缺陷在于，参与共识的节点数量越大，性能就会越低。为解决这一问题，NEO 采用投票方式，选取出相对较小数量的共识节点，并在这些被选中的共识节点内部进行 PBFT，共识生成新区块，然后将该新区块发布到全网中达成全网共识。NEO 共识节点之间产生新区块的流程如下。

（1）开启共识的节点分为两大类，非记账人节点和记账人节点，非记账人节点不参与共识流程，记账人节点参与共识流程。

（2）选择议长，NEO 议长是根据当前块高度和记账人数量做取模运算得到的，议长实际上按顺序当选。

（3）节点初始化，议长为 primary（主要）节点，议员为 backup（支持）节点。

（4）满足出块条件后议长发送 PrepareRequest（准备请求）。

（5）议员收到请求后，验证通过签名发送 PrepareResponse（准备回应）。

（6）记账节点接收到 PrepareResponse 后，节点保存对方的签名信息，检查如果超过三分之二则发送 block（区块）。

（7）节点接收到 block，PersistCompleted（持久化完成）事件触发后整体重新初始化。

在 NEO 的 DBFT 共识机制下，每 15～20s 就会产生一个区块，交易经过实际测量证明可以达到 1000 TPS，这在公有链中是非常优秀的，再稍加修改，当交易吞吐量达到 10000 TPS 时，就可以用于商业。

3.1.10　NEO 中的智能合约体系

NEO 中的智能合约体系为 NeoContract，由三部分组成。

（1）NeoVM。

与 Java 虚拟机（Java virtual machine，JVM）和.NET Runtime 的结构非常类似，NeoVM 是一个轻量级的通用型虚拟机，类似于一个虚拟处理器。这个虚拟处理器可以对合约中的指令做出正确的反应，然后按照要求进行对应的操作。它的启动时间非常短，而且通用性也比较强，既可以运用在智能合约中，又可以在非区块链的场景中使用。

（2）InteropService。

互操作服务 InteropService 是用来提供区块链账本、数字身份、数字资产以及持久化储存区等最基础服务的，是因虚拟机而存在的。由于这种低耦合的设计，智能合约的使用范围得到了显著的提高，NeoVM 可以被任意地移植到区块链中使用。

（3）DevPack。

高级语言编译程序和 IDE 插件共同构成了 DevPack。由于 NeoVM 结构类似于 JVM、.NET Core Runtime 等，这些 DevPack 里的编译器可以编译中间语言，如 Java bytecode 和.NET MSIL，使其成为 NeoVM 的指令集。Java、Kotlin、C# 等主流语言的开发人员没有必要再进行新语言的学习，他们可以在 Visual Studio、Eclipse 等熟悉的 IDE 环境中开发智能合约。因此智能合约的培训成本较低，开发人员创造了丰富的 NeoContract 智能合约生态。

3.1.11　NEO 中的跨链互操作协议

NeoX 就是指 NEO 中的跨链互操作协议，这种协议分为两大部分"跨链资产交换协议"和"跨链分布式事务协议"。

（1）跨链资产交换协议。

这种协议使得用户可以在不同的区块链上进行资产交易，而且交易过程中所有阶段要么都成功，要么都失败。为了跨链交易，我们需要为每个用户创建一个合约账户，并使用 NeoContract 来具体实现。

（2）跨链分布式事务协议。

事务的各个部分分布在不同的区块链上，然后进行执行，这种行为保证了整体的一致性，这类似于跨链资产交换，都是可以任意进行交易，这种事务被称为跨链分布式事务。一般来说，NeoX 允许跨链智能合约，一个智能合约可以在不同的区块链上执行不同的部分，是具有同时性的，执行结果要么全部完成，要么全部变成初始状态。

3.1.12　NEO 中的分布式存储协议

NEO 中的分布式存储协议称为 NeoFS。NeoFS 是基于一致性哈希技术的分布式存储协议。NeoFS 索引数据使用的是文件内容的哈希，而不是使用文件路径来实现的。大的数据文件，被拆分成若干个固定大小的"块"，分布式存放在不同节点中。

这种系统的主要问题在于，需要找到冗余度和可靠性这两者的中和点。NeoFS 的解决方式是：使用代币激励机制和建立中心节点，用户可以自己决定文件的可靠性高低，可靠性低的文件就不需要过多的服务，可以直接访问和存放，这种操作是不收取费用的；可靠性较高的文件就需要中心节点为其提供稳定可靠的服务，需要收取一定的费用。

智能合约在区块链上存放较大的文件并可以为这些文件设置访问权限，这是通过 NeoFS 来实现的，NeoFS 是 NeoContract 体系下的一个互操作协议（InteropService）之一。除此之外，把 NeoFS 与数字身份结合起来，就不再需要中心服务器也可以完成一系列的操作，例如，数字证书的分发、传递、注销等。

3.1.13　NEO 中的抗量子密码学机制

NeoQS 是一种基于格密码学（lattice-based cryptography）的机制，格密码是一类备受关注的抗量子计算攻击的公钥密码体制，其中 QS 代表量子安全。量子计算机产生以后，对基于 RSA（Rivest-Shamir-Adleman）密码体制和椭圆曲线密码体制（elliptic curve cryptosystem，ECC）的密码学机制造成了巨大的挑战。大数分解问题和椭圆曲线离散对数问题分别依赖于 RSA 密码体制和 ECC，量子计算机也可以处理，并且计算出结果的时间非常短。目前为止，如果想快速解决最短向量问题（shortest vector problem，SVP）和最近向量问题（closest vector problem，CVP），量子计算机是做不到的。因此，可以用来抵抗量子计算机的最有用、最使人信任的算法就是格密码学[2]。

3.2　NEO 节点

NEO 区块链中全部数据可以保存到节点中，这种节点称为全节点（full nodes），其利用 P2P 来实现与区块链网络的连接。在区块链网络中，所有节点既充当客户端又充当服务器，都是平等的。

NEO 有两个全节点程序。

NEO-GUI：面向普通用户，具有很多功能。它的源码下载地址为 https://github.com/neo-project/neo-gui-2.x。

NEO-CLI：面向开发人员提供一个命令行界面，具有一些主要的钱包操作功能，还有一个功能是应用程序接口（application programming interface，API），可以与其他节点达成共识，参与区块的生成，其源码下载地址为 https://github.com/neo-project/neo-cli/releases[3]。

3.2.1　NEO-GUI

1. 下载客户端

客户端无须安装，进入 https://github.com/neo-project/neo-gui-2.x/releases 页面，下载后直接运行 neo-gui.exe 即可。客户端适应系统为：Windows 7 SP1 / Windows 8 / Windows 10。运行前需确认 Windows 系统已安装 .NET Framework 4.7.1。

要使客户端能够进行离线同步，安装好 ImportBlocks 插件以后进行解压，将解压得到的内容放到 NEO-GUI 根目录。

在打开客户端时，会自动同步区块数据，打开钱包时也会自动同步钱包数据，当同步完成后才可以正常使用客户端以及查看钱包内资产。由于区块链数据庞大，初次同步时等待时间通常较长，建议采用离线同步包进行同步[4]。

2. 钱包

NEO-GUI 钱包如图 3.1 所示，创建钱包的步骤如下。

（1）在 NEO-GUI 中点击"钱包"→"创建钱包数据库"。

（2）在"新建钱包"页面中点击"浏览"，选定钱包文件存储位置，并设置好文件名称，然后点击保存。

（3）输入"密码"与"重复密码"，并保存好自己的密码。

（4）点击"确定"后，钱包创建成功，此时钱包里会默认带有一个标准账户。

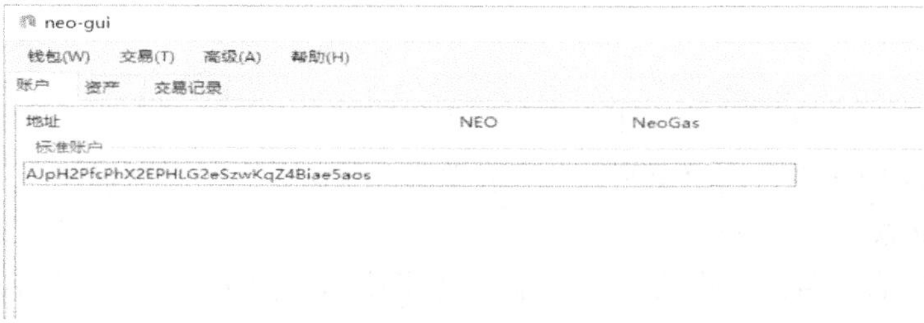

图 3.1　NEO-GUI 钱包

右键单击钱包可以创建更多地址。右键单击"钱包"中的"账户"→"查看私钥"，可以查看该账户信息。

地址：相当于银行账户或银行卡号，用于交易时接收资产。

私钥：使用者所拥有的一个 256 位保密的随机数，这个随机数可以验证用户是否拥有账户以及内部资产。

公钥：与私钥相匹配，每个私钥都对应一个公钥。

任何时刻不要向他人泄露私钥，私钥一旦泄露，很可能会导致资产的损失。

在账户列表中右键单击某地址，还可以进行一些功能操作，如表 3.1 所示。

表 3.1　操作说明

功能	说明
创建新地址	在钱包内创建一个新地址
导入	导入 wif：将私钥对应的地址导入钱包
	导入证书
	导入监视地址：导入对方的地址作为监视地址后，便可以看到该地址上的资产情况。
复制到剪贴板	复制该账户地址
删除	删除该地址

注：wif（wallet import format），即钱包导入格式，指将私钥导入新的钱包中时，钱包用来识别私钥的格式，所以在钱包导出私钥时，会生成该格式的私钥

打开钱包的步骤：

（1）每次重新打开 NEO-GUI 时，都需要点击"钱包"→"打开钱包数据库"来选择要打开的钱包。默认显示上一次打开的钱包。

（2）要打开其他钱包，点击"浏览"选择钱包。

（3）在对话框中选择要打开的文件类型：NEP-6 钱包文件（.json）或 SQLite 钱包文件（.db3）。

（4）输入密码，点击"确定"后进入钱包。

（5）如果打开的是旧的 .db3 钱包文件，需要根据提示选择是否升级到 NEP-6 格式钱包。

3. 交易

转账的步骤如下。

（1）NEO-GUI 中点击"交易"→"转账"。

（2）选择以下一种操作。

要给单个地址转账，点击"+"，输入转账信息，如资产类型，转入地址和金额。

要给多个地址转账，点击 ⊡，输入地址和金额并以空格分隔，如图 3.2 所示。

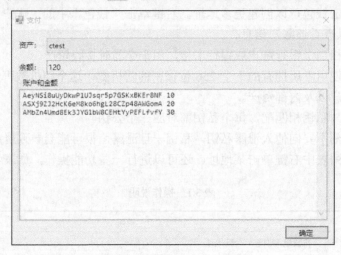

图 3.2　多个地址转账示意图

（3）点击"确定"。

（4）（可选）点击"高级"展开面板，设置以下选项。

转自：选择一个账户地址转出资产。

手续费：默认为 0，设置手续费可以提高交易优先级。

找零地址：当转账金额小于转出地址账户余额时，转账后剩余资产将转回找零地址。

（5）（可选）点击 ▤ 填写备注信息，备注信息会记录到 NEO 区块链上。

（6）检查转账信息，确认无误点击确定。如果是代币类转账，交易成功后显示交易编号，如图 3.3 所示。

如果是股权类转账，显示需要更多签名。点击"复制"，复制交易信息并发送给对方。交易的另一方需要在 NEO-GUI 客户端中进行签名并广播，才能完成交易。

图 3.3　交易成功示意图

在进行股权类资产转账或资产交易时，需要对方签名才能完成交易。

签名的步骤如下。

（1）在 NEO-GUI 客户端中点击"交易"→"签名"，将对方发来的交易信息输入到输入框内，通过点击"签名"来生成输出数据。显示广播按钮。广播会将签名后的交易信息发送到全网，由各节点进行确认，完成交易，如图 3.4 所示。

（2）点击"广播"，交易成功发送，等待确认后便可完成该笔交易，图 3.5 为广播成功示意图。

图 3.4　签名并广播示意图

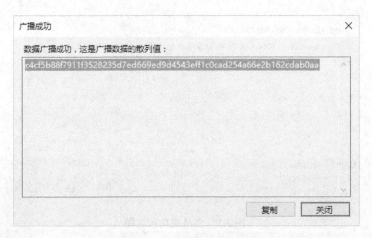

图 3.5　广播成功示意图

　　资产交易是一种线上的以物换物，需双方签名确认。如交易方 A 和 B 进行资产交易的流程如下。

　　（1）发起交易请求（以 A 方操作为例）。

　　① 在 NEO-GUI 中点击"交易"。

　　② 填写对方账户，点击"+"输入要发送的资产信息并确认。

　　③ 点击"发起请求"，将生成的交易请求复制并发送给 B，点击"关闭"。

　　④ 进入合并交易请求页面，等待 B 发来交易请求。

　　⑤ B 方进行同样的操作发起交易请求，并将请求发送给 A，图 3.6 为交易请求示意图。

图 3.6　交易请求示意图

（2）合并交易请求（以 A 方操作为例）。

① 将 B 发来的交易请求粘贴到输入框，点击"验证"。

② 确认交易信息，如果无误，点击"接收"。

③ 点击"合并"，将双方请求合并并生成签名信息。

④ 复制签名信息，发送给 B。

⑤ B 进行同样的操作并将签名信息发给 A，图 3.7 为合并交易请求示意图。

（3）完成交易的双方进行签名，公开告知即广播，交易结束。

图 3.7　合并交易请求示意图

3.2.2　NEO-CLI

1. 安装

可以通过两种方式安装 NEO-CLI：

（1）下载 NEO-CLI 的官方发布程序包并进行安装；

（2）下载 NEO-CLI 的源代码并发布成可执行文件，如果使用 MacOS，则推荐此方式。

运行 NEO-CLI 的计算机需具备表 3.2 的配置，以获得较佳体验。

表 3.2   运行 **NEO-CLI** 的计算机配置

	最低配置	推荐配置
操作系统	Windows 10 Ubuntu 16.04/18.04 CentOS 7.4/7.6	Windows 10 Ubuntu 16.04/18.04 CentOS 7.4/7.6
CPU	双核	四核
内存	8G	16G
硬盘	50G 固态硬盘	100G 固态硬盘

直接安装 NEO-CLI 程序的步骤如下。

（1）在 GitHub 官网（https://github.com/neo-project/neo-node/releases）下载系统对应的 NEO-CLI 程序包并解压。

（2）对于 Linux 系统，需要安装 LevelDB 和 SQLite3 开发包。例如，在 Ubuntu 18.04 上输入以下命令：

```
sudo apt-get install libleveldb-dev sqlite3 libsqlite3-dev
libunwind8-dev
```

对于 Windows 系统，NEO-CLI 的安装包中已经包含了 LevelDB，可跳过该步骤。

在 Windows 10 系统中，通过源码发布的 NEO-CLI 安装的步骤如下。

（1）在 Windows 10 系统中安装 .NET Core 和 .NET Framework。

（2）从 GitHub 官网下载源代码，https://github.com/neo-project/neo-node/tree/master/neo-cli。

（3）下载 LevelDB 并解压备用。

（4）在命令行中运行以下命令。

```
cd neo-cli
dotnet restore
dotnet publish -c release -r win10-x64
//进入编译完的文件所在目录，将之前下载的 libleveldb.dll 拷贝进来
```

在 Ubuntu 18.04 系统中，通过源码发布的 NEO-CLI 安装的步骤如下。

（1）安装 .NET Core Runtime。

（2）从 GitHub 官网下载源代码，https://github.com/neo-project/neo-node/tree/master/neo-cli。

（3）运行以下命令，安装 LevelDB。

```
sudo apt-get install libleveldb-dev sqlite3 libsqlite3-dev
```

（4）发布可执行文件。

在命令行中运行以下命令：

```
cd neo-cli
dotnet restore
dotnet publish -c release -r linux-x64
```

2. 配置和启动

NEO-CLI 在执行过程中会访问两个配置文件 config.json 和 protocol.json。启动 NEO-CLI 前需要对这两个文件进行必要配置。

启动 NEO-CLI 前，需要在 config.json 中开启自动绑定并打开钱包功能，钱包打开后才可以调用与钱包相关的应用程序接口（API）。配置参数如下。

MaxGasInvoke：允许通过 RPC 虚拟机执行消耗的最大 Gas 数额。

Path：钱包路径。

Password：钱包密码。

IsActive：设为 true 允许自动打开钱包。

下面是一个标准设置的例子。

```
{
  "ApplicationConfiguration": {
    "Paths": {
      "Chain": "Chain_{0}"
    },
    "P2P": {
      "Port": 20333,
      "WsPort": 20334
    },
    "RPC": {
      "BindAddress": "127.0.0.1",
      "Port": 20332,
      "SslCert": "",
      "SslCertPassword": "",
      "MaxGasInvoke": 10
    },
    "UnlockWallet": {
      "Path": "wallet.json",
      "Password": "11111111",
      "StartConsensus": false,
      "IsActive": true
    }
  }
}
```

利用超文本传输安全协议（hypertext transfer protocol secure，HTTPS），来访问 RPC 服务器，需要在启动节点前修改配置文件 config.json，并设置域名、证书和密码，代码如下：

```
{
    "ApplicationConfiguration": {
    "Paths": {
      "Chain": "Chain"
    },
    "P2P": {
      "Port": 10333,
      "WsPort": 10334
    },
    "RPC": {
      "Port": 10331,
      "SslCert": "YourSslCertFile.xxx",
      "SslCertPassword": "YourPassword"
    }
    ...
```

NEO-CLI 默认接入主网，如果要连接测试网，你需要用 NEO-CLI 目录下的 config.testnet.json 和 protocol.testnet.json 文件分别替换原有配置文件 config.json 和 protocol.json[5]。

如果要将节点接入私链，需要配置 protocol.json 文件。

■ 3.3 NEO 搭建私链

本节将介绍如何在一台 Windows 系统的电脑上搭建私链[6]。

（1）首先安装 NEO-CLI，并将节点文件复制为 4 份，文件夹分别命名为 node1、node2、node3、node4。

（2）要使节点达成共识，需要安装 SimplePolicy 插件启用共识策略。下载 SimplePolicy 插件（https://github.com/neo-project/neo-modules/releases）并解压。将文件夹 Plugins 拷贝四份，分别放置到四个节点文件夹中。

（3）运行 NEO-CLI，使用命令 create wallet <path> 创建四个不同的钱包文件，为示例说明，这里命名为 1.json、2.json、3.json、4.json，钱包密码分别设置为 1、2、3、4。记录屏幕中显示的每个钱包的公钥（pubkey）以备后用。将钱包文件分别放置于四个节点的文件夹中。

（4）在每个节点下的 config.json 文件中进行如下修改。

① 设置每个端口不重复且不被其他程序占用。

② 设置 UnlockWallet 下的参数 Path 为钱包文件名，Password 为钱包密码。

③ 设置 StartConsensus 和 IsActive 为 true。

可参照下面的代码进行配置：

```
node1/config.json
{
  "ApplicationConfiguration": {
    "Paths": {
      "Chain": "Chain_{0}",
      "ApplicationLogs": "ApplicationLogs_{0}"
    },
    "P2P": {
      "Port": 10001,
      "WsPort": 10002
    },
    "RPC": {
      "Port": 10003,
      "SslCert": "",
      "SslCertPassword": ""
    },
    "UnlockWallet": {
      "Path": "1.json",
      "Password": "1",
      "StartConsensus": true,
      "IsActive": true
    }
  }
}
node2/config.json

{
  "ApplicationConfiguration": {
    "Paths": {
      "Chain": "Chain_{0}",
      "ApplicationLogs": "ApplicationLogs_{0}"
    },
    "P2P": {
      "Port": 20001,
      "WsPort": 20002
    },
```

```json
    "RPC": {
      "Port": 20003,
      "SslCert": "",
      "SslCertPassword": ""
    },
    "UnlockWallet": {
      "Path": "2.json",
      "Password": "2",
      "StartConsensus": true,
      "IsActive": true
    }
  }
}
```

node3/config.json

```json
{
  "ApplicationConfiguration": {
    "Paths": {
      "Chain": "Chain_{0}",
      "ApplicationLogs": "ApplicationLogs_{0}"
    },
    "P2P": {
      "Port": 30001,
      "WsPort": 30002
    },
    "RPC": {
      "Port": 30003,
      "SslCert": "",
      "SslCertPassword": ""
    },
    "UnlockWallet": {
      "Path": "3.json",
      "Password": "3",
      "StartConsensus": true,
      "IsActive": true
    }
  }
}
```

node4/config.json

```json
{
  "ApplicationConfiguration": {
    "Paths": {
```

```
        "Chain": "Chain_{0}",
        "ApplicationLogs": "ApplicationLogs_{0}"
    },
    "P2P": {
        "Port": 40001,
        "WsPort": 40002
    },
    "RPC": {
        "Port": 40003,
        "SslCert": "",
        "SslCertPassword": ""
    },
    "UnlockWallet": {
        "Path": "4.json",
        "Password": "4",
        "StartConsensus": true,
        "IsActive": true
    }
  }
}
```

（5）在每个节点下的 protocol.json 文件中，对以下参数进行修改，并保证所有节点的配置一致。

Magic：私链 ID，可设置为 [0, 4294967295] 区间内的任意整数。

StandbyValidators：备用主机共享密钥，在这里输入四个钱包的公钥。

SeedList：种子节点的互联网协议（internet protocol，IP）地址和端口号，IP 地址设置为 localhost，端口为 config.json 中配置的 4 个 P2P 端口。

可参照下面的代码进行配置：

```
{
    "ProtocolConfiguration": {
        "Magic": 123456,
        "AddressVersion": 23,
        "SecondsPerBlock": 15,
        "StandbyValidators": [
            "037ebe29fff57d8c177870e9d9eecb046b27fc290ccbac88a0e3da8ba
c5daa630d",
            "03b34a4be80db4a38f62bb41d63f9b1cb664e5e0416c1ac39db605a8e
30ef270cc",
            "03cc384ca982168bf6f08922d27c8acc4357d52a7e8ad8281d4af6683
e6f63e94d",
            "03da4ed85a991134bf45592a5b04d6d71399f23a85843f43e6ac1a5d3
0f5473711"
        ],
```

```
      "SeedList": [
        "localhost:10001",
        "localhost:20001",
        "localhost:30001",
        "localhost:40001"
      ],
      "SystemFee": {
        "EnrollmentTransaction": 10,
        "IssueTransaction": 5,
        "PublishTransaction": 5,
        "RegisterTransaction": 100
      }
    }
  }
```

（6）为了方便启动私链，创建一个记事本文件，输入 dotnet neo-cli.dll--rpc 然后重命名为 1Run.cmd。将其复制到 4 个节点目录下。

到此，私链已经搭建完成了，所有修改过的文件结构如下：

```
├─node1
│      1Run.cmd
│      1.json
│      config.json
│      protocol.json
│
├─node2
│      1Run.cmd
│      2.json
│      config.json
│      protocol.json
│
├─node3
│      1Run.cmd
│      3.json
│      config.json
│      protocol.json
│
└─node4
       1Run.cmd
       4.json
       config.json
       protocol.json
```

（7）进入每个节点目录，双击 1Run.cmd，当共识过程如图 3.8 所示时，表示私链成功建立。

```
C:\Users\chenz\Desktop\p\node1>dotnet neo-cli.dll /rpc
NEO-CLI Version: 2.8.0.0

neo> [18:10:04] OnStart
[18:10:04] initialize: height=31 view=0 index=0 role=Backup
[18:10:17] OnPrepareRequestReceived: height=31 view=0 index=3 tx=1
[18:10:17] send perpare response
[18:10:21] OnPrepareResponseReceived: height=31 view=0 index=1
[18:10:21] relay block: 0x42d4e262ef53e9b105f5e9b7eeaa3765434ff1607613c6e
0495cbce6812bdf50
[18:10:21] persist block: 0x42d4e262ef53e9b105f5e9b7eeaa3765434ff1607613c
6e0495cbce6812bdf50
[18:10:21] initialize: height=32 view=0 index=0 role=Primary
```

```
C:\Users\chenz\Desktop\p\node2>dotnet neo-cli.dll /rpc
NEO-CLI Version: 2.8.0.0

neo> [18:10:08] OnStart
[18:10:08] initialize: height=31 view=0 index=1 role=Backup
[18:10:17] OnPrepareRequestReceived: height=31 view=0 index=3 tx=1
[18:10:17] send perpare response
[18:10:21] OnPrepareResponseReceived: height=31 view=0 index=0
[18:10:21] relay block: 0x42d4e262ef53e9b105f5e9b7eeaa3765434ff1607613c6e
0495cbce6812bdf50
[18:10:21] persist block: 0x42d4e262ef53e9b105f5e9b7eeaa3765434ff1607613c
6e0495cbce6812bdf50
[18:10:21] initialize: height=32 view=0 index=1 role=Backup
```

```
C:\Users\chenz\Desktop\p\node3>dotnet neo-cli.dll /rpc
NEO-CLI Version: 2.8.0.0

neo> [18:10:11] OnStart
[18:10:12] initialize: height=31 view=0 index=2 role=Backup
[18:10:19] OnPrepareRequestReceived: height=31 view=0 index=3 tx=1
[18:10:19] send perpare response
[18:10:19] OnPrepareResponseReceived: height=31 view=0 index=1
[18:10:19] relay block: 0x42d4e262ef53e9b105f5e9b7eeaa3765434ff1607613c6e
0495cbce6812bdf50
[18:10:19] persist block: 0x42d4e262ef53e9b105f5e9b7eeaa3765434ff1607613c
6e0495cbce6812bdf50
[18:10:19] initialize: height=32 view=0 index=2 role=Backup
```

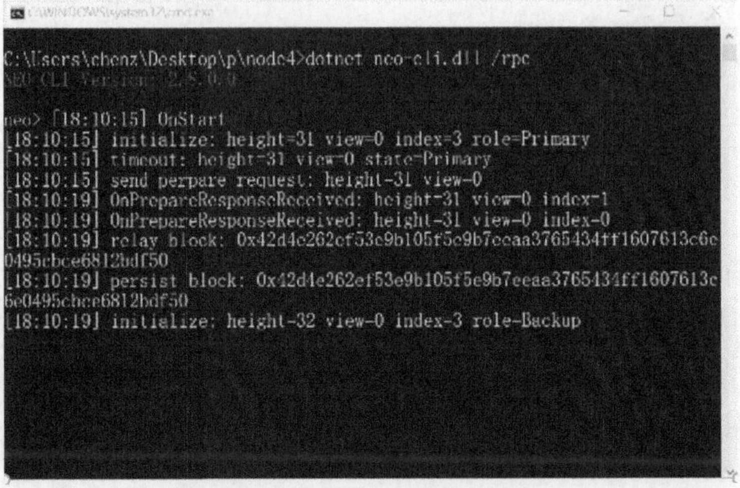

图 3.8　启动私链成功的示意图

3.4　NEO 智能合约

　　智能合约是一种可以让使用者执行一些义务的合约，这些义务是用数字形式来界定的。区块链技术给我们带来了一个去中心化的不可伪造的可靠系统，在这一系统中，智能合约是非常有用的。智能合约是区块链中最重要的特点之一，也是区块链能够被称为颠覆技术的主要原因[7]。

　　NEO 智能合约 2.0 有很多特点，如确定性、高性能和可扩展。它的合约种类分为验证合约和应用合约。

　　从性能角度来说，NEO 采用了轻量级的 NEO 虚拟机（NeoVM）作为智能合约的使用环境，NEO 虚拟机不仅启动时间很短，而且启动时所需的资源也不多，正适合于智能合约这种小程序的需要和推广。JIT 技术对热点智能合约的静态编译和缓存速度提高有着非常显著的效果。NEO 虚拟机的指令是建立在一个特定的集合，包含一系列的密码指令，目的是优化智能合约中使用加密算法的效率。不仅如此，数组及较为复杂的数据结构也是可以由数据操作指令来进行实现的。这些都会大大提升 NEO 智能合约 2.0 的性能。

　　NEO 智能合约 2.0 已经将扩展性能提高，这是通过将高内聚、低耦合以及动态部分设计实现的。低耦合合约程序运行在一个虚拟机（NeoVM）中，并通过交互服务层与外部通信。因此，智能合约的绝大多数改进都可以通过在互联网上扩大 API 实现。

　　关于 NEO 智能合约 2.0 与以太坊的不同点，从语言方面来看会非常清晰：不同于以太坊创造的 Solidity 语言，NEO 智能合约开发人员可以使用他们所精通的任意语言来操作。目前系统中可以直接使用的语言有：C#、VB、.NET、F#、Java、Kotlin、Python、Go、JavaScript。

NEO 智能合约的两种触发方式[7]如下。

（1）合约用户的鉴权：智能合约是一个合约账户，当使用者来使用该合约账户里的资产时，该智能合约会被启动。

（2）手动发送交易调用智能合约：用户发送一笔交易（invocation transaction）来触发一段智能合约的执行。

一个合约可以同时由以上两种方式触发。由于鉴权触发的合约是 UTXO 模型的鉴证过程，是在交易被写入区块之前执行。如果合约返回 false 或者发生异常，则交易不会被写入区块。

而由交易调用触发的合约，它的调用时机是交易被写入区块以后，此时无论合约的返回值是什么，交易都已经发生，无法影响交易中的 UTXO 资产状态。

NeoVM 是用来运行 NEO 智能合约代码的。这里描述的是一个较窄的虚拟机定义，而不是操作系统对物理机器的一种模拟。这里的虚拟机不同于 VMware 或Hyper-V，是一个有特殊语言的虚拟机。

例如，在 Java 的 JVM 或者.NET 的公共语言运行库（common language runtime，CLR）中，Java 或者.NET 源码会被编译成关联的字节码，然后将编译好的字节码运行在虚拟机上，JVM 或 CLR 会对这些字节码进行一些操作，例如取指令、译码、执行、返回结果等，这和真实物理机器（实体计算机）概念非常接近。相对应的二进制指令仍然是在物理机器上执行，在内存中物理机器把指令取走，利用总线将其传输到处理器，然后再翻译、运行并将结果记录下来。

NEO 智能合约在部署或者执行的时候都要缴纳一定的手续费，分为部署费用和执行费用。

部署费用是指开发者将一个智能合约部署到区块链上需要向区块链系统支付一定的费用，根据合约所需功能，系统将收取 100～1000 Gas 的费用，并作为系统收益。

执行该智能合约的费用是向 NEO 支付的，这被称作执行费用。

下面是一些简单的 C#智能合约。

```
public static bool Main()
{
    return true;
}
```

该合约的返回值永远为 true，表示任何人都可以花费这个合约地址里的资产（可以理解为撒钱）。

　　NEO 钱包客户端有删除资产功能，当你删除了一个资产，这个资产实际上发送到了一个指定地址中，这个地址就是上述智能合约所生成的合约地址，任何人都可以花费这个地址里的资产，当然这个地址里的资产都是别人不要的资产。

```
public static bool Main()
{
    return false;
}
```

　　该合约的返回值永远为 false，表示这个合约里的资产无人能使用（可以理解为烧钱或销毁一笔资产），比如里面可以存储一些已注销的公司的股权。

　　我们已经搭建私链并启动节点连接私链，下面将以使用 Windows 10 和 C#为例，带领开发者配置环境、编写、翻译以及在私链上部署和调配 NEO 智能合约。

　　本节将完成以下任务：安装合约开发环境、创建一个 NEP-5 合约项目、编译合约。

（1）安装 Visual Studio 2019。

　　下载 Visual Studio 2019 并安装，注意安装时需要勾选.NET Core 跨平台开发，图 3.9 为安装 Visual Studio 2019 时勾选的内容界面图。

图 3.9　安装 Visual Studio 2019 时勾选的内容界面图

（2）安装 NeoContractPlugin 插件。

　　打开 Visual Studio 2019，点击"扩展"→"管理扩展"，在左侧点击"联机"，搜索 NEO，安装 NeoContractPlugin 插件（该过程需要联网），图 3.10 为安装 NeoContractPlugin 插件示意图。

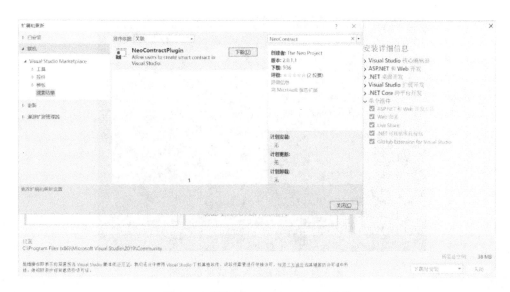

图 3.10　安装 NeoContractPlugin 插件

（3）配置编译器。

在 GitHub 上拉取 neo-devpack-dotnet 项目到本地并打开。

将 Git 分支切换为 master-2.x（master 分支为 NEO3 的编译器）。

发布 Neo.Compiler.MSIL 项目。

发布成功后，会在...\Neo.Compiler.MSIL\bin\Release\netcoreapp3.1\publish\目录下看到 neon.exe 文件。

（4）设置环境变量。

接下来需要添加 Path，让任何位置都能访问 neon.exe。方法如下：

① 在 Windows 10 上按"Windows＋S"键，输入环境变量，选择编辑系统环境变量。

② 选择 Path，点击"编辑"。

③ 在弹出来的窗口中点击"新建"并输入 neon.exe 所在文件夹的目录，点击"确定"。在环境变量中不要添加"…… neon.exe"字样的路径，要填写 neon.exe 所在的文件夹目录而非 neon.exe 本身的路径。

④ 添加完 Path 后，运行命令提示符（CMD）或者使用 PowerShell 测试一下（如果添加 Path 前就已经启动了 CMD 则要关掉重启），在 CMD 或者 PowerShell 中输入 neon 命令后没有报错信息，如图 3.11 所示输出号码显示已将环境变量配置成功。

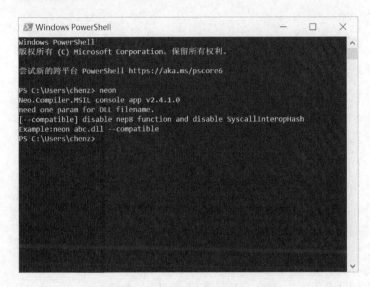

图 3.11　环境变量配置成功示意图

（5）创建 NEO 智能合约项目。

完成以上步骤后，即可在 Visual Studio 中创建 NEO 智能合约项目（.NET Framework 版本任意）：点击"文件"→"新建"→"项目"。

在列表中选择 NeoContract 并进行必要设置后，点击"确定"。

创建项目后，会自动生成一个 C#文件，默认的类继承于智能合约（SmartContract），如图 3.12 所示，此刻你已经拥有一个 Hello World 了！

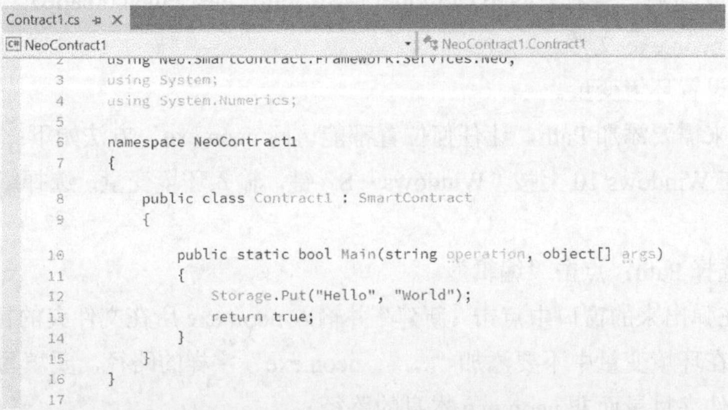

```
Contract1.cs
NeoContract1                                           NeoContract1.Contract1
  2    using Neo.SmartContract.Framework.Services.Neo;
  3    using System;
  4    using System.Numerics;
  5
  6    namespace NeoContract1
  7    {
  8        public class Contract1 : SmartContract
  9        {
 10            public static bool Main(string operation, object[] args)
 11            {
 12                Storage.Put("Hello", "World");
 13                return true;
 14            }
 15        }
 16    }
 17
```

图 3.12　创建项目后自动生成的代码

（6）编辑 NEP-5 代码。

很多开发者比较关心的是如何在 NEO 公链上发布自己的合约资产，首先我们在私链上一步步实现。

从 GitHub 上下载 NEP-5 示例，https://github.com/neo-project/examples。

打开 Visual Studio，建立一个 NEO 智能合约项目，给它定义为 NEP5。

打开示例文件 NEP5.cs。

代码中主要写了资产的基本信息和供调用的方法，可以根据需要增删或修改。

如果代码中有很多画红线的地方，提示找不到 NEO 命名空间，而且在项目的引用中有感叹号，可进行如下操作。

右键单击 Visual Studio 的解决方案文件，然后单击"管理 NuGet 包"按钮，在新打开的页面中将 Neo.SmartContract.Framework 更新到最新稳定版。如果更新完之后依然存在红线，并且右侧"引用"中仍有感叹号，可以尝试双击感叹号。如果仍然无法解决问题，可以尝试下面的办法。

在"这里"下载 nuget.exe，然后将其复制到"NeoContract"项目的根目录。

打开"Power Shell"或"CMD"。转到"NeoContract"项目的根目录，运行"nuget restore"即可。

这里我们对示例文件进行一些修改：设定资产总值和 Deploy 方法，将"Owner"替换成钱包 0.json 中的地址（否则将无法使用钱包中的资产），代码如下：

```
using Neo.SmartContract.Framework;
using Neo.SmartContract.Framework.Services.Neo;
using Neo.SmartContract.Framework.Services.System;
using System;
using System.ComponentModel;
using System.Numerics;

namespace NEP5
{
    public class NEP5 : SmartContract
    {
        [DisplayName("transfer")]
        public static event Action<byte[], byte[], BigInteger> Transferred;

        private static readonly byte[] Owner = "Ad1HKAATNmFT5buNgS
xspbW68f4XVSssSw".ToScriptHash(); //Owner Address
        private static readonly BigInteger TotalSupplyValue =
10000000000000000;

        public static object Main(string method, object[] args)
        {
            if (Runtime.Trigger == TriggerType.Verification)
            {
                return Runtime.CheckWitness(Owner);
```

```
            }
            else if (Runtime.Trigger == TriggerType.Application)
            {
                var callscript = ExecutionEngine.CallingScriptHash;

                if (method == "balanceOf") return BalanceOf((byte[])
args[0]);

                if (method == "decimals") return Decimals();

                if (method == "deploy") return Deploy();

                if (method == "name") return Name();

                if (method == "symbol") return Symbol();

                if (method == "supportedStandards") return Supported
Standards();

                if (method == "totalSupply") return TotalSupply();

                if (method == "transfer") return Transfer((byte[])
args[0], (byte[])args[1], (BigInteger)args[2], callscript);
            }
            return false;
        }


        [DisplayName("balanceOf")]
        public static BigInteger BalanceOf(byte[] account)
        {
            if (account.Length != 20)
                throw new InvalidOperationException("The parameter
account SHOULD be 20-byte addresses.");
            StorageMap  asset  =  Storage.CurrentContext.CreateMap
(nameof(asset));
            return asset.Get(account).AsBigInteger();
        }
        [DisplayName("decimals")]
        public static byte Decimals() => 8;

        private static bool IsPayable(byte[] to)
        {
            var c = Blockchain.GetContract(to);
```

```
            return c == null || c.IsPayable;
        }


        [DisplayName("deploy")]
        public static bool Deploy()
        {
            if (TotalSupply() != 0) return false;
            StorageMap contract = Storage.CurrentContext.CreateMap
(nameof(contract));
            contract.Put("totalSupply", TotalSupplyValue);
            StorageMap asset = Storage.CurrentContext.CreateMap
(nameof(asset));
            asset.Put(Owner, TotalSupplyValue);
            Transferred(null, Owner, TotalSupplyValue);
            return true;
        }


        [DisplayName("name")]
        public static string Name() => "GinoMo"; //name of the token

        [DisplayName("symbol")]
        public static string Symbol() => "GM"; //symbol of the token

        [DisplayName("supportedStandards")]
        public static string[] SupportedStandards() => new string[]
{ "NEP-5", "NEP-7", "NEP-10" };


        [DisplayName("totalSupply")]
        public static BigInteger TotalSupply()
        {
            StorageMap contract = Storage.CurrentContext.CreateMap
(nameof(contract));
            return contract.Get("totalSupply").AsBigInteger();
        }
    #if Debug
        [DisplayName("transfer")] //Only for ABI file
        public static bool Transfer(byte[] from, byte[] to,
BigInteger amount) => true;
    #endif
        //Methods of actual execution
        private static bool Transfer(byte[] from, byte[] to,
BigInteger amount, byte[] callscript)
        {
```

```
//Check parameters
if (from.Length != 20 || to.Length != 20)
    throw new InvalidOperationException("The parameters
from and to SHOULD be 20-byte addresses.");
if (amount <= 0)
    throw new InvalidOperationException("The parameter
amount MUST be greater than 0.");
if (!IsPayable(to))
    return false;
if (!Runtime.CheckWitness(from) && from.AsBigInteger() !=
callscript.AsBigInteger())
    return false;
StorageMap asset = Storage.CurrentContext.CreateMap
(nameof(asset));
var fromAmount = asset.Get(from).AsBigInteger();
if (fromAmount < amount)
    return false;
if (from == to)
    return true;

//Reduce payer balances
if (fromAmount == amount)
    asset.Delete(from);
else
    asset.Put(from, fromAmount - amount);

//Increase the payee balance
var toAmount = asset.Get(to).AsBigInteger();
asset.Put(to, toAmount + amount);

Transferred(from, to, amount);
return true;
    }
  }
}
```

（7）编译合约文件。

编译程序的步骤：点击"生成"来生成解决方案，或使用快捷键 Ctrl + Shift + B 进行编译。运行成功后，在 bin/Debug 目录下看到产生的 NeoContract1.avm 文件，也就是 NEO 智能合约文件。图 3.13 就是编译成功的展示图。

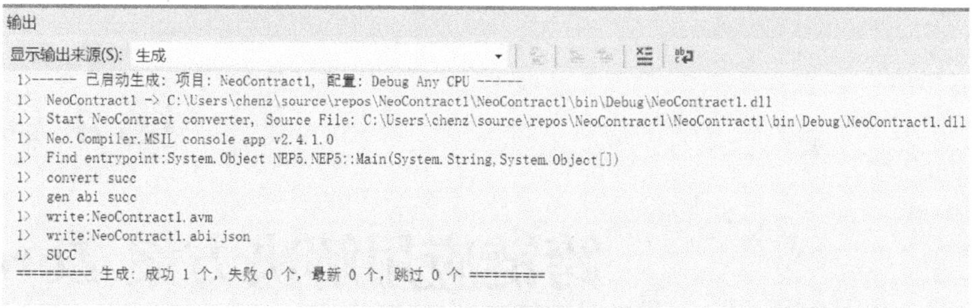

图 3.13　编译成功的展示图

参考文献

[1]　区块链：什么是第三代平台？它们能提供哪些以太坊目前没有的服务 [EB/OL].（2018-04-11）[2019-8-13]. https://www.jianshu.com/p/d915201386a9.

[2]　NEO 白皮书 [EB/OL].（2018-11-24）[2019-3-6]. https://docs.neo.org/v2/docs/zh-cn/node/introduction.html.

[3]　NEO 节点介绍[EB/OL].（2018-11-24)[2019-3-6]. https://docs.neo.org/docs/zh-cn/node/introduction.html.

[4]　NEO 下载客户端 [EB/OL].（2018-11-24）[2019-3-6]. https://docs.neo.org/v2/docs/zh-cn/node/gui/install.html.

[5]　NEO 配置与启动节点[EB/OL].（2018-11-24）[2019-3-6]. https://docs.neo.org/v2/docs/zh-cn/node/cli/config.html.

[6]　NEO 在本地主机搭建私有链[EB/OL].（2018-11-24)[2019-3-6]. https://docs.neo.org/v2/docs/zh-cn/network/private-chain/private-chain2.html.

[7]　NEO 智能合约开发[EB/OL].（2018-11-24）[2019-3-6]. https://docs.neo.org/docs/zh-cn/sc/gettingstarted/introduction.html.

第4章

跨链应用解决方案 Zoro

4.1 Zoro 白皮书

Zoro 是聚焦于数字（游戏）世界的跨链应用解决方案。

Zoro 包含 Zoro 链（ZoroChain）和应用引擎（ApplicationEngine）两个部分，其中 ZoroChain 是由根链（RootChain）、映射链（MappingChain）、应用链（ApplicationChain）的链群组成的一套跨链解决方案；ApplicationEngine 是一套基于.Net Core 架设在 ZoroChain 之上的应用运行环境，是 ZoroChain 的计算资源节点，ApplicationEngine 为应用提供了一套分布式计算运行环境，应用可以通过其方便地访问区块链网络以及调用网络中的各种计算资源。Zoro 框架图如图 4.1 所示。

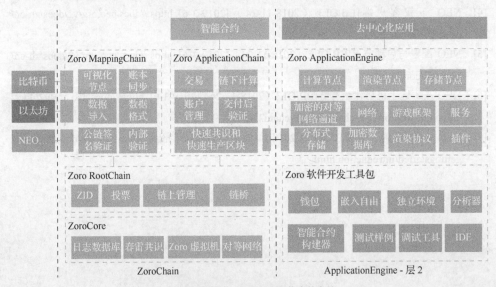

ZID 表示用户在 ZoroChain 网络中的身份

图 4.1　Zoro 框架图

Zoro 的目标是搭建一套针对游戏这个垂直领域的基于区块链技术的跨链分布式计算网络环境，让区块链技术无论从运行效率还是功能模块上都满足游戏行业的开发需求，让开发者可以方便高效地开发、发布区块链游戏，提供一站式的跨链解决方案[1]。

4.1.1　Zoro 链

ZoroCore 是 ZoroChain 的核心，是为 Zoro 中所有其他模块提供共识、验证、区块持久化等区块链核心计算服务的基础模块。

ZoroCore 提供了一套基于节点可靠性加权的春雷共识（spring thunder consensus，STC）算法，主要思路是通过算法对节点可靠性进行评估，以可靠性排序来代替其他公链常用的节点选举工作，或者可以说，以 STC 算法来代替人工选举节点。在算法选取得当的情况下，机器将比人更加可靠。STC 算法中，节点的可靠性将由两个重要参数决定，一个是节点抵押，一个是工作积分证明。STC 将通过可验证随机函数-拜占庭容错（verifiable random function-Byzantine fault tolerance，VRF-BFT）算法根据可靠性加权对节点进行记账权筛选，同时提供一套监测机制，对作弊行为进行惩罚以进一步提高安全性[1]。

若要参与共识，则首先要成为节点，成为节点需要抵押一定金额代币，一个节点可以有多个持币用户参与抵押，持币用户不想成为节点可将代币抵押至其他节点来分享出块收益，若节点犯错则用户有损失代币风险。

节点曾经参与的交易确认、共识出块将换算成积分累计至该节点，工作积分是节点稳定参与网络贡献的记录，是节点出块竞争的重要参数。每生成 604800 个区块工作积分调整一次，调整算法为：新积分=0.9×旧积分，通过调整算法可以保持最近的积分权重比历史积分权重高，图 4.2 为算法调整示意图。

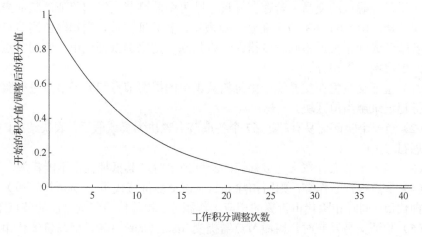

图 4.2　算法调整示意图

STC 中采用 VRF-BFT 算法作为共识算法。网络中所有节点列表将按 fx（抵押，工作积分证明）排序，每次竞争记账权时，将取列表中前 100 个节点（不能少于 4 个，否则共识失败）作为备选节点进行 VRF-BFT 共识。图 4.3 为 VRF-BFT

共识流程图，共识流程简述如下：

（1）每一轮出块时，所有节点按 fx（抵押，工作积分证明）更新节点列表；

（2）根据 VRF-BFT 算法，从列表前 100 个节点中选取 1 个提案节点进行提案；

（3）根据 VRF-BFT 算法，从列表前 100 个节点中选取多个验证节点对提案进行验证；

（4）包含提案节点在内，超过 2/3 的节点验证通过，则由提案节点广播出块，否则重复（2），重新选取提案节点。

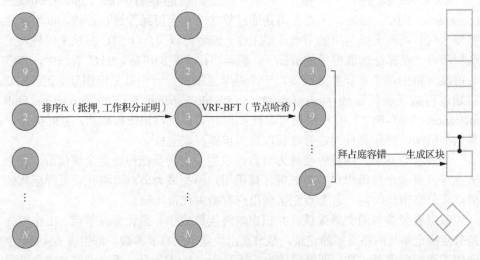

图 4.3   VRF-BFT 共识流程图

对于已经确认的交易，若存在异议，则可由监测节点发起验证，验证交易需提交保证金，由全网 2/3 以上备选节点表决，若验证失败，则扣除监测节点保证金，若验证成功则根据不同程度错误，将扣除一定比例抵押代币给监测节点同时扣除一定比例工作积分。

（1）验证交易将在交易池中由每轮共识中的提案节点和验证节点进行验证并投票标记记录至当前区块。

（2）当一个验证交易有超过 67 个备选节点表决为真或假后，表决结束，执行验证惩罚。

（3）当一个节点存在未完成标记的验证请求时，其抵押代币不能释放。

（4）节点被判断作弊，则需扣除 max（该交易价值代币，1%抵押代币）的节点抵押代币，同时扣除代币折算的相应工作积分。扣除代币奖励至监测节点账户。

（5）验证交易发起时，监测节点需提交 max（max=100，交易价值代币相同的保证金），若节点被判断为未作弊，则保证金将被没收，反馈给被验证节点。

ZoroChain 由 3 个独立部分构成，每个部分都是一条或多条独立的基于 ZoroCore 实现的链，分别是 RootChain、MappingChain、ApplicationChain，如图 4.4 所示。

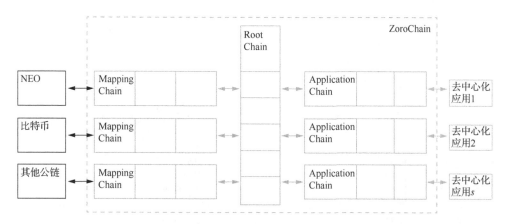

图 4.4　ZoroChain 结构图

RootChain 是 ZoroChain 的根链，全网只有一条，MappingChain 和 ApplicationChain 都由 RootChain 管理，ZoroChain 内部的跨链交易都需要通过 RootChain 来完成。RootChain 的节点叫"核心节点"，其组成了 ZoroChain 的核心网络，RootChain 的权限和安全级别在 ZoroChain 中是最高的。

MappingChain 是 ZoroChain 的映射链，其他公链的数据将通过映射链并入 ZoroChain 中，每条公链对应一条映射链，映射链由两类节点组成，验证节点和观测节点，验证节点需同时运行 ZoroChain 和公链程序（如映射以太坊的话，需运行 Geth 软件），验证节点在收到公链新出块数据后，将根据 ZoroChain 设定的格式将其他公链块数据转换成 MappingChain 数据并在 MappingChain 进行二次 STC 共识，共识确认后将广播给其他节点；观测节点无须运行公链程序，其只接收同步验证节点的共识数据。节点可以同时是观测节点和验证节点，如图 4.5 所示。

MappingChain 与侧链类似，其不同之处在于，MappingChain 会将公链交易数据"翻译"后映射至 ZoroChain，其交易数据格式将转换成 Zoro 设定的格式（一般是交易结果集，暂时无法同步非标准交易或者非标准智能合约操作），映射完成之后，除了跨链交易部分的数据，公链上所有交易数据都可以在 ZoroChain 内部通过 MappingChain 得到快速验证。

MappingChain 的验证节点会通过其他公链接口获取公链交易数据和块数据，所获取的数据将转换成 ZoroChain 格式在 MappingChain 网络内广播，基于 ZoroCore 的 STC 算法进行二次共识并出块。需要指出的是，公链的交易并不会在 MappingChain 上再次执行，而是会被翻译成结果集，再在 MappingChain 上共识并记录。

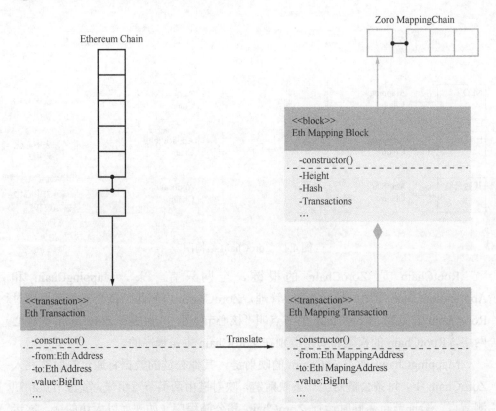

英文说明：Ethereum Chain-以太坊链；Zoro MappingChain-Zoro 映射链；block-区块；Transaction-交易；Eth Transaction-以太坊交易；constructor-构造函数；from-发款人；to-收款人；value-金额；Eth Address-以太坊地址；BigInt-大整数；Translate-映射；Eth Mapping Transaction-以太坊映射交易；Eth MappingAddress-以太坊映射地址；Eth Mapping Block-以太坊映射区块；Height-区块高度；Hash-区块哈希

图 4.5　MappingChain 结构图

举例来说，如果有一笔交易是 20 个 ERC20 代币 XCoin 在以太坊上从 A 账户转移到 B 账户，其在以太坊上的交易执行过程是通过以太坊虚拟机（EVM）执行代币智能合约，通过 put 更改存储区数据来完成的；那么该交易在 MappingChain 上进行二次共识的过程并不会执行 EVM 智能合约，而只是简单地转换为 A 账户在 XCoin 地址下的数值减 20，B 账户在 XCoin 地址下的数值加 20。MappingChain 启动阶段只支持公链的标准转账交易映射，包括各个公链的标准代币智能合约交易映射，未来将扩展到非同质化代币（non-fungible token，NFT）及其他广泛被采用的标准化合约。

MappingChain 的安全性取决于验证节点的数量，数量越大，则其安全性越高。同时，还取决于抵押代币的数量，一般来说 MappingChain 的验证节点不能验证超过其抵押代币数量的交易以保证跨链交易资金安全。

当用户需要将资产映射到 ZoroChain 时，可以在公链上将资产转至公链上的映射合约或账户中。当 MappingChain 监测到该交易后，将通过验证节点共识下发 ZoroChain 上的代币至用户账户；反之，当用户需要将映射资产转移回公链时，则发送销毁映射代币交易至 MappingChain，由验证节点共识后，将公链上的映射合约或账户代币转移回公链用户账户。若监测节点发现验证节点作弊，则可以发起重新验证，2/3 以上节点通过，则所有作弊验证节点的等量押金扣除后奖励监测节点，若验证失败，则没收监测节点保证金。公链资产将通过超级验证节点去中心化管理，Zoro 将在各个公链上部署映射合约，合约用于管理转移至 MappingChain 的资产，合约将采用超级验证节点多签方式管理，其将以去中心化管理的方式最大程度保持 ZoroChain 映射资产的安全性。资产从公链转移到 MappingChain（图 4.6）步骤如下。

（1）账户 A（公链地址）在公链发起转账 TxP1，锁定 10 个 NEO 代币到映射链。

（2）账户 Az（ZoroChain 地址）在 MappingChain 发起 NEO 代币映射交易 TxMap，包含 TxP1 交易信息及账户 A 的 NEO 公链签名。

（3）验证节点对 TxMap 进行验证，通过映射公链数据对 TxP1 交易信息及账户 A 签名进行验证，通过后发放 10 个映射 NEO 代币至账户 Az，完成映射。

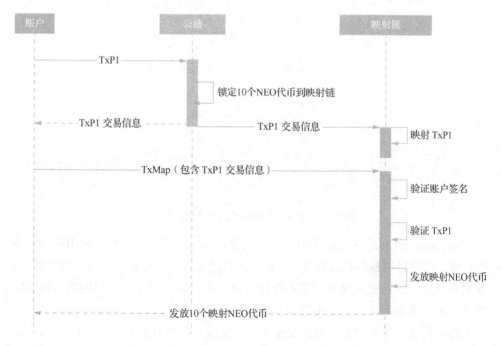

图 4.6　资产从公链转移到 MappingChain

资产从 MapingChain 转移到公链（图 4.7）步骤如下。

（1）账户 Az（ZoroChain 地址）在 MappingChain 发起映射 NEO 代币销毁交易 TxRed，销毁 10 个映射 NEO 代币，包含公链账户信息 A。

（2）验证节点对 TxRed 进行验证，冻结账户 Az 中 10 个映射 NEO 代币。

（3）冻结账户 Az 中 10 个映射 NEO 代币后，超级验证节点将构造公链转账交易 TxP2 并广播多签请求。

（4）多签完毕后 TxP2 信息将更新至 TxRed，账户 Az 中 10 个冻结映射 NEO 代币被销毁，同时 TxP2 将被提交至公链，10 个映射 NEO 代币从公链映射合约转账至账户 A，完成提取。

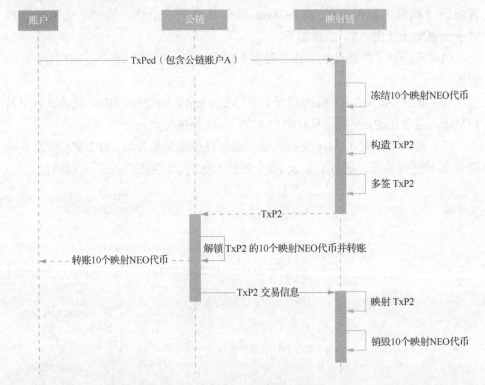

图 4.7　资产从 MappingChain 转移到公链

ApplicationChain 是 ZoroChain 的应用链，其主要服务于应用，应用链为多条平行链，可通过根链创建、查询，应用链出块速度高（毫秒级），一段时间内无请求则不出块，应用链间交易请求不互相等待，可并发。当某个应用链发生故障或遭受攻击，将不影响其他应用链运行。

与公链资产跨链类似，需通过验证节点完成，监测节点负责事后监督、惩罚，应用链间资产转移需通过根链完成。应用链跨链验证节点需同时获取应用链与根链区块数据，应用链验证节点以多签形式管理应用链在根链上的资产映射合约。应用链与根链、映射链都采用相同地址加密算法，所以可以互相验证交易信息。

资产从根链到应用链转移流程（图 4.8）如下。

（1）账户 A 在根链发起转账 TxP1，将 10 个 Zoro 代币转移至应用链 1 映射合约。

（2）应用链 1 验证节点在根链检查到 TxP1 后，在应用链 1 发起 Zoro 代币发放交易 TxSend1，其中包含 TxP1 交易信息。

（3）应用链 1 共识节点分别验证 TxP1 和 TxSend1，通过后将 10 个 Zoro 代币在应用链 1 上发放至账户 A。

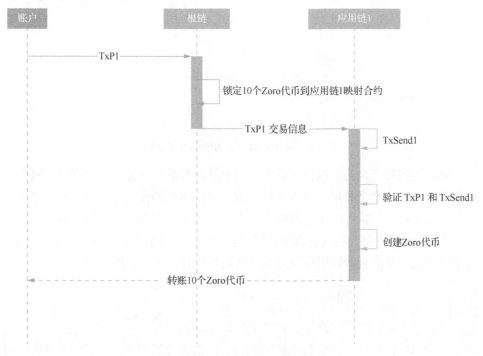

图 4.8　资产从根链到应用链转移流程

资产从应用链到根链转移流程（图 4.9）如下。

（1）账户 A 从应用链 1 发起 10 个 Zoro 代币转移至根链交易 TxTrans1。

（2）应用链 1 共识节点根据 TxTrans1 交易冻结账户 A 的 10 个 Zoro 代币。

（3）冻结完成后验证节点将构造根链多签转账请求 TxP2 并进行广播。

（4）多签完毕后，验证节点将 TxP2 信息更新至 TxTrans1，同时销毁冻结的应用链 1 上账户 A 中的 10 个 Zoro 代币，并将 TxP2 提交至根链，10 个 Zoro 代币从应用链 1 映射合约账户转移至账户 A。

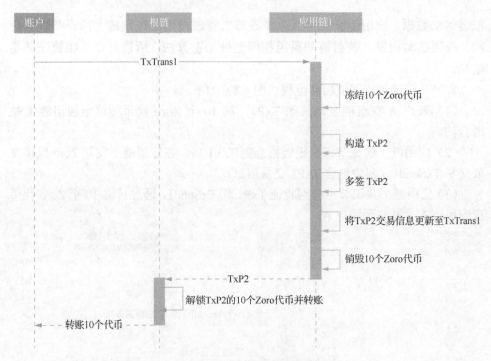

图 4.9　资产从应用链到根链转移流程

应用链的智能合约虚拟机可以支持链上计算和链下计算，顾名思义，链上计算与其他公链的典型智能合约虚拟机一致，合约调用的交易需由所有验证节点执行并根据智能合约执行结果更改链上状态。而链下计算交易体里除了包含调用合约、方法、参数之外，还包含本次调用的执行结果，其他节点收到链下计算之后，将不同步执行智能合约调用而只是简单地同步执行结果，如图 4.10 所示。

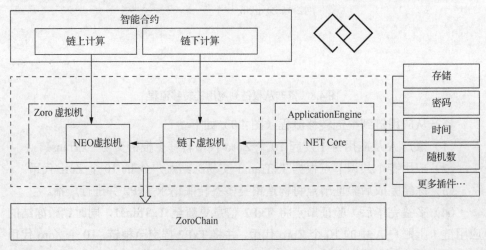

图 4.10　应用链的智能合约虚拟机

由于链下计算并不会在节点间进行计算过程验证，其大大提升了同步效率，但安全性也大大降低，只能由监测节点进行事后监测。所以一般来说，我们建议将安全性要求较低的部分放在链下计算中。虽然其安全性要低不少，但毕竟还有事后监督部分，安全性还是要比中心化服务高一些。

要加入 ZoroChain 网络，必须申请成为节点，申请由网络自动确认完成，节点分为核心节点、观测节点、验证节点、应用节点、监测节点。

成为节点之前，必须先创建 ZID，用户可以通过发起 ZID 创建交易来创建 ZID，创建 ZID 交易需要 10 个 Zoro 代币的手续费。ZID 是用户在 ZoroChain 网络中的身份，想要参与 ZoroChain 的网络建设，例如参与治理投票、获取代理收益、成为节点等，ZID 是必不可少的。获取 ZID 后，可以选择用抵押代币运行各种节点，或者将代币代理至其他节点分享节点收益。

成为核心节点需要抵押至少 100000Zoro 代币，可参与分享核心节点挖矿奖励，核心节点可以参与 RootChain 记账竞争，获得核心节点挖矿奖励，成为观测节点无须抵押代币。

验证节点需抵押至少 100000Zoro 代币，可参与 MappingChain 记账权竞争，获得验证节点挖矿奖励；超级验证节点需抵押 1000000Zoro 代币，超级验证节点与验证节点唯一不同之处在于，其可以参与公链代币多签管理。成为超级验证节点需审核，新成员发起超级节点验证，由现有超级验证节点多签审核通过新成员申请。

成为应用节点需抵押 10000Zoro 代币，可分享应用链运行手续费收益。

成为监测节点需抵押 1000Zoro 代币，可发起交易验证请求，验证成功可以获得节点扣除的押金奖励。

4.1.2　应用引擎

ApplicationEngine 是基于 .Net Core 的应用引擎，工作在 ZoroChain 中的 ApplicationChain 之上，通过应用链与 ZoroChain 交互。ApplicationEngine 运行的节点定义为计算节点，其功能可以通过插件系统进行扩展，主要模块包含网络通信、通用计算库、图形计算库、数据库等，应用程序可以运行在 ApplicationEngine 上，其计算节点可以自行架设或者租用其他用户架设的节点。

计算节点是 ApplicationEngine 所运行的节点，其提供 ApplicationEngine 运行所需要的环境，计算节点网络由提供不同功能的计算节点组成，如通用计算、图形计算、人工智能计算、存储等，计算节点通过应用链节点接入 ZoroChain，是应用链的叶子节点。ApplicationEngine 可通过链下计算将关键计算步骤记录至应用链上，亦可以通过链上计算进行应用链的各种链上操作、智能合约调用。计算节点运行费用可通过应用链结算。

未来的计算将更多地发生在云端，在游戏领域，索尼、微软、谷歌都提出了各自的云游戏解决方案，但都是中心化的云，3 家企业都是通过视频流来进行图形传输，在目前的网络环境下体验并不好，未来 5G 时代到来，低延迟和高带宽将让视频流云游戏体验与本地游戏一致。

Zoro 将提供渲染节点，渲染节点可选择两种远程图形数据传输方案：渲染流、视频流。

渲染流方案是指，中央处理器（central processing unit，CPU）完成计算后，图形处理器（graphics processing unit，GPU）执行部分计算，生成渲染指令流发送到远程客户端，客户端本地 GPU 根据渲染指令继续执行完成渲染并进一步栅格化显示，GPU 所需要的渲染素材由本地终端预先存储并加载至 GPU。

视频流方案是指 CPU 完成计算后，GPU 执行渲染并输出栅格化图形数据，提交至视频压缩模块，输出实时视频流发送至远程客户端，远程客户端进行视频解压显示，如图 4.11 所示。

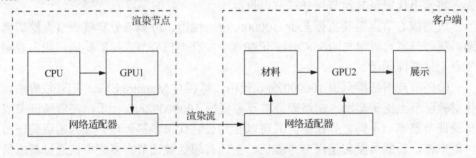

图 4.11   Zoro 渲染流方案

渲染流需要云端计算较少，带宽需求低，本地终端性能要求高，需要 GPU；视频流云端计算多，带宽需求高，本地客户端性能要求低，无须 GPU，如图 4.12 所示。

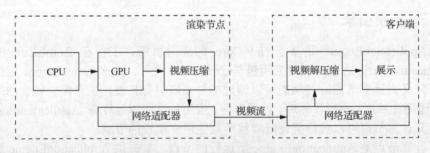

图 4.12   传统视频流方案

ApplicationEngine 的应用可以通过渲染节点发送图形数据，单机游戏和多人游戏都在服务器完成执行和渲染。通过适当的数字版权机制，云游戏情况下单机游戏可以较好地避免盗版；多人在线游戏可以从客户/服务器（client/server，C/S）结构的系统架构中解放出来，像单机游戏一样开发多人游戏，把远程通信工作下放到图形传输和输入指令传输层面，大大简化开发工作。

基于 ApplicationEngine，Zoro 将建设系列开源游戏框架，并陆续覆盖各种类型游戏如第一人称射击游戏（first personal shooting game，FPS）、角色扮演类游戏（role playing game，RPG）、即时战略游戏（real time strategy game，RTS）、策略游戏（strategy game，SLG）、多人在线战术竞技游戏（multiplayer online battle arena，MOBA）等和各种终端。开源游戏框架将免费提供给社区使用，通过开源框架极大降低游戏开发者的开发成本，同时极大丰富 Zoro 社区应用内容。

4.1.3　节点激励

ZoroChain 将为网络中的节点提供代币激励，即挖矿，ZoroChain 中的 MappingChain 和 RootChain 将有挖矿产出，具体如下。

MappingChain 节点出块产出 50%给提案节点（即出块节点），40%给参与记账节点，10%进入 MappingChain 矿池。

RootChain 节点出块产出 50%给提案节点（即出块节点），40%给参与记账节点，10%进入 RootChain 矿池。

MappingChain 和 RootChain 的矿池每个周期（出 604800 个块，约 1 周）选取工作积分列表中排名前 10 的节点奖励 30%矿池代币，再随机选取列表中 10 个节点奖励 10%矿池代币。

系统费用包括：

（1）创建 ZID 手续费。ZID 创建手续费 35%奖励提案节点（即出块节点），35%奖励参与记账节点，30%进入 RootChain 矿池。

（2）GasFee。根链、映射链的 GasFee=GasPrice×Gas，GasFee35%奖励提案节点（即出块节点），35%奖励参与记账节点，30%进入 RootChain 矿池；应用链手续费也按 GasPrice×Gas 计算，可由多签方式指定付费账户，50%奖励提案节点（即出块节点），50%奖励参与记账节点。

（3）监测节点验证交易保证金。若保证金被扣除，将进入所在网络矿池。

（4）投票提案保证金。发起提案需要提交一定额度保证金，若提案被投票为无效提案，则保证金将进入 RootChain 矿池。

（5）ApplicationEngine（计算节点）使用费用。ApplicationEngine 使用费用可以由节点搭建人指定，可采用两种方式：按计算量付费、按时间付费（包月），费用支付至计算节点账户。计算节点亦可设置免费应用哈希函数，制定应用无须付费即可使用节点，当用户自己搭建计算节点时可以采用这种方式。

4.1.4　代币发行

代币名称：Zoro。

总量：200 亿。

代币分配：180 亿挖矿产出，20 亿代币预挖。

挖矿产出总量中，50%分配给 RootChain，50%分配给 MappingChain，MappingChain 部分由当前 ZoroChain 网络内的 MappingChain 按比例分配。ZoroChain 的挖矿产出将根据核心节点数调整，核心节点数越多，出块奖励越高，通过这种方式，可以根据市场需求情况动态调整供应量，需求多就一定程度增产，需求少则一定程度减产，保持供给均衡。RootChain 和 MappingChain 的出块机制一样，如下。

出块间隔：1s。

递减间隔：12700800 区块（约 147 天）。

递减比例：5%。

初始挖矿奖励：见表 4.1。

表 4.1　初始挖矿奖励

节点数	初始产值（每块）/代币	初始年产值（估计值）/代币
1	4	140160000
100	9	280320000
1000	18	560640000
10000	27	840960000
30000	40	1261440000

4.1.5　Zoro 的治理机制

Zoro 采用开源社区分布式组织的治理方法，其核心是依赖 ZID 的链上投票机制来实现链上治理，进而对 Zoro 的各类调整进行协调，如系统参数调整、规则调整、软件节点更新等，一切与 Zoro 运行相关的事物都可以通过发起提案来表决。

投票机制分 3 层，核心节点表决、验证节点表决、全体表决，用户提交表决需提供保证金，表决有同意、不同意、弃权、无效 4 个选项，若表决者认为提案是无效提案，则可以投无效选项，超过半数投票无效，则该提案保证金将进入 RootChain 矿池。

Zoro 上线将分 4 个阶段：封闭测试阶段、开放测试（1.0）阶段、2.0 阶段、3.0 阶段。

（1）封闭测试阶段：本阶段重点打造 ZoroCore 和共识算法，优化 P2P 结构层，提高共识效率。本阶段将同样部署测试链和正式链，所不同的是，本阶段暂不开放网络加入，即网络由 Zoro 团队维护，节点可以申请但是暂时无法参与共识，同时本阶段无挖矿产出。部署正式网络的目的是在复杂的正式使用环境下不断地测试调优 ZoroCore，暴露问题，使其能够更加健壮高效。

（2）开放测试（1.0）阶段：本阶段重点打造 MappingChain 和 ApplicationChain，提供映射链和应用链服务，本阶段将陆续分批开放网络节点加入，分批的目的是希望能够更好地对节点网络进行测试，经过多次迭代直至完全开放节点自由加入。本阶段同样无挖矿产出，但会开始记录工作积分。

（3）2.0 阶段：本阶段重点打造 ApplicationEngine 1.0 版本，实现其计算节点基础功能，如计算、存储等。本阶段开始将启动挖矿产出。

（4）3.0 阶段：本阶段重点打造 ApplicationEngine 2.0 版本，实现计算节点拓展功能，并进一步打造渲染节点功能。

截至 2022 年 1 月 1 日，已完成了前三个阶段。

■ 4.2 Zoro 实例

4.2.1 搭建 Zoro 私链

进入 https://github.com/ZoroChain，下载如下 5 个 Zoro 核心部分，如图 4.13 所示。

图 4.13 Zoro 的五个核心部分

其中 Zoro 要下载如图 4.14 所示版本，否则后面查询合约会导致版本不匹配。

下载之后解压到同一文件夹下，并修改名字去掉后缀。进入其中的 Zoro 文件夹，运行 Zoro.sln。运行 Zoro-Plugins 目录中的 SimplePolicy.csproj，重新生成 SimplePolicy，此时在 SimplePolicy-bin-Debug-netstandard 2.0 中会产生 SimplePolicy 与 SimplePolicy.dll，将它们都剪切到 Zoro-Cli-bin-Debug-netcoreapp 2.1 中（新建的 Plugins 文件夹中），再把 llvm.dll、libleveldb.dll 也放到该文件夹中，重新生成 Zoro-Cli。

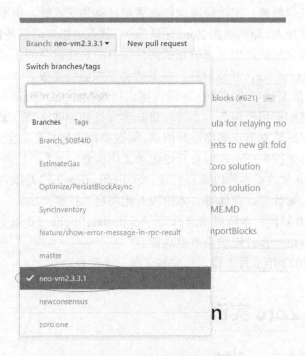

图 4.14　Zoro 下载版本示意图

在 Zoro-Cli-bin-Debug-netcoreapp 2.1 中按住 Shift+右键，打开 PowerShell 窗口，输入 dotnet Zoro-Cli.dll 即可运行起 Zoro-Cli，输入 show state 显示当前区块并同步，输入 create wallet+用户名.json 设置密码即可创建钱包。创建 4 个节点钱包并记录地址、公钥，如图 4.15 所示。

图 4.15　4 个节点钱包地址及公钥

为了将节点钱包相连，修改 protocal.json 中的 4 个地址为上述 4 个公钥，重新生成 Zoro-Cli，如图 4.16 所示。

图 4.16　修改 protocal.json

新建 4 个文件夹用来保存 4 个节点，将文件分别复制到 4 个文件夹。以 zoro01 为例编辑其中的 config.json 文件，修改 A 等于 protocal 中的数值，且要区分其他节点，B 部分要区分其他节点，false 改为 true，如图 4.17 所示。

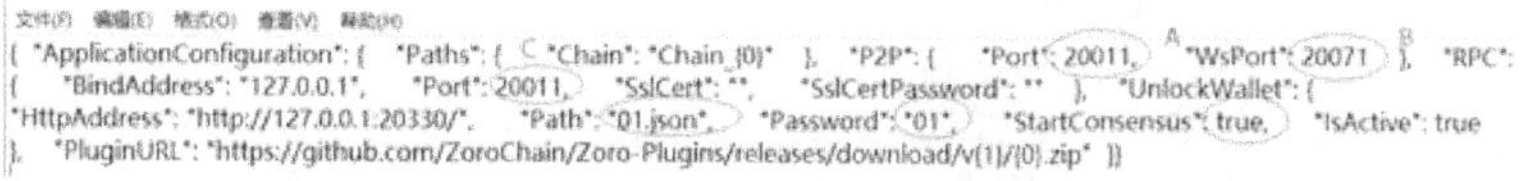

图 4.17　修改 zoro01 中的 config.json 文件

修改完毕后在每个文件夹按住 Shift+右键，打开 PowerShell 窗口，输入 dotnet Zoro-Cli.dll，可以输入 show state 命令查看情况，发现已经出块并同步，4 个节点已连接，如图 4.18 所示。

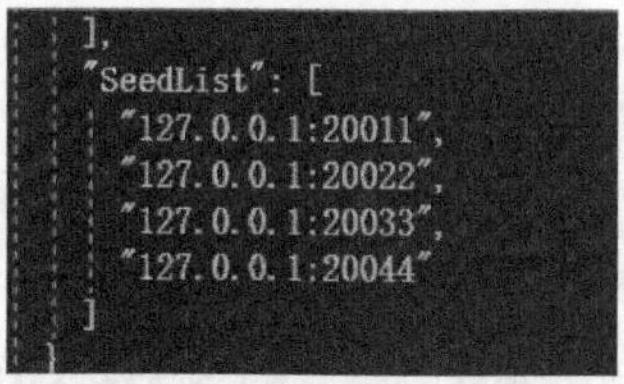

图 4.18　修改 SeedList

创建第 5 个节点来开启 RPC，创建第 5 个节点记录地址公钥，并修改 config.json，如图 4.19 所示。

图 4.19　修改 RPC 节点的 config.json

重新生成 ApplicationLogs，并粘贴到 Plugins 里。新建 zoro05 文件夹到 zoro01
所在目录。编写 bat 脚本：在 zoro01~zoro05 文件夹创建 start.bat 文件并输入内容
dotnet Zoro-Cli.dll，在 zoro05 文件夹编辑 dotnet Zoro-Cli.dll--rpc，在总文件夹创建
start.bat 文件，文件中的代码如图 4.20 所示。

图 4.20　start.bat 文件内容

点击总文件夹的 start.bat 脚本就能直接开启 5 个节点，输入 show state 显示如
下图（图 4.21）就成功搭建私链了。

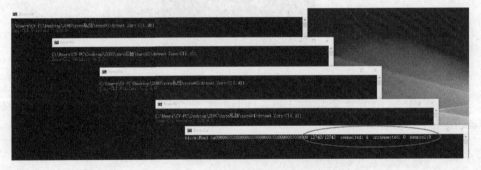

图 4.21　成功搭建私链示意图

4.2.2　安装开发环境

安装开发环境的具体步骤如下。

（1）下载 Visual Studio 2017 并安装，注意安装时需要勾选 .NET Core 跨平台
开发。

（2）打开 Visual Studio 2017，点击"工具"→"扩展和更新"，在左侧点击"联
机"，搜索 Neo，安装 NeoContractPlugin 插件（该过程需要联网）。

（3）在 https://github.com/ZoroChain/Zoro.SmartContract.Compiler，下载 neo-compiler 项目到本地。

（4）在 Visual Studio 2017 上点击"文件"→"打开"→"项目/解决方案"，选择项目文件中的 neo-compiler.sln，右键单击列表中的 neon 项目，点击"发布"。配置好发布路径后，点击"发布"。发布成功后，会在 bin\Release\PublishOutput 目录下生成 neon.exe 文件。

（5）接下来需要添加 Path，让任何位置都能访问 neon.exe，方法如下：在 Windows 10 系统下按 Windows＋S 键，输入环境变量，选择"编辑账户的环境变量"，选择"Path"，点击"编辑"，如图 4.22 所示。在弹出来的窗口中点击"新建"并输入"neon.exe"所在的文件夹目录，点击"确定"。

添加完 Path 后，运行 CMD 或者 PowerShell 测试一下（如果添加 Path 前就已经启动了 CMD 则要关掉重启），输入 neon 后，没有报错，如图 4.23 所示输出版本号的提示信息即表示环境变量配置成功。

图 4.22　设置 Path

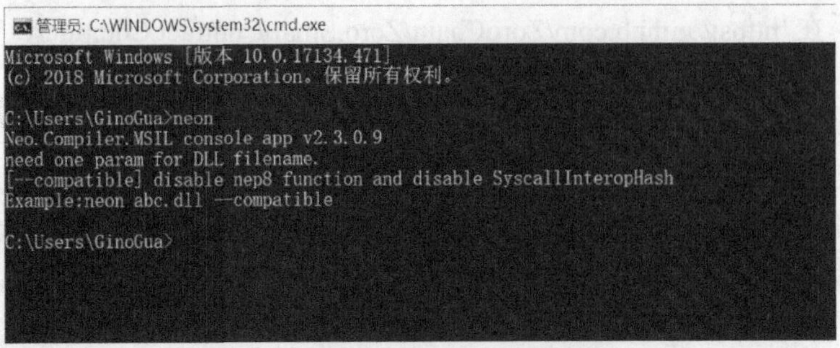

图 4.23   环境变量配置成功示意图

（6）完成以上步骤后，即可在 Visual Studio 2017 中创建 NEO 智能合约项目
（.NET Framework 版本任意），点击"文件"→"新建"→"项目"。在列表中选
择 NeoContract 并进行必要设置后，点击"确定"。创建项目后，会自动生成一
个 C#文件，默认的类继承于 SmartContract，如图 4.24 所示，此刻就拥有一个 Hello
World 了，但是还没有引入 Neo.SmartContract.Framework.dll，导致报错。

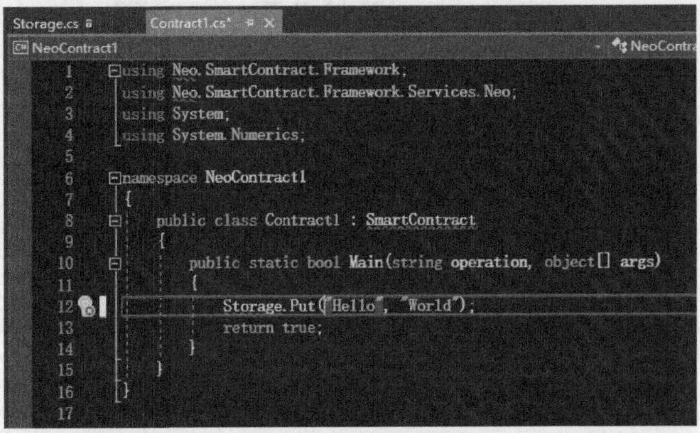

图 4.24   自动生成的代码

（7）下载 https://github.com/ZoroChain/Zoro.SmartContract.Devpack，重新编译
Neo.SmartContract.Framework。在新建的合约项目中添加 Neo.SmartContract.
Framework.dll 引用即可开始编写合约。

4.2.3   发布 Zoro 代币合约

发布 Zoro 代币合约的详细步骤如下。

（1）下载源码，地址 https://github.com/ZoroChain/InvokeContract，此项目为
各种合约测试。向指定账户发送 Zoro 代币或者 blacat 令牌，需要修改 config 文件，
rpcurl 改为目标地址的 IP 和 RPC port，targetWIF 改为目标账户 wif，bcpIssure 改
为 4 个共识地址的 wif，如图 4.25 所示。

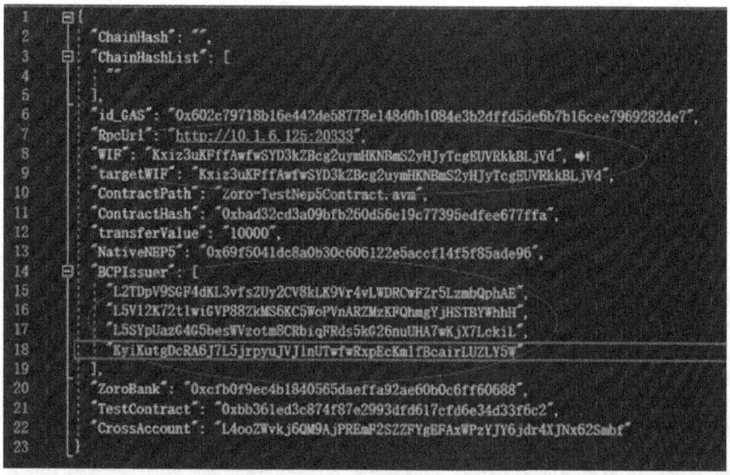

```
1      {
2          "ChainHash": "",
3          "ChainHashList": [
4
5          ],
6          "id_GAS": "0x602c79718b16e442de58778e148d0b1084e3b2dffd5de6b7b16cee7969282de7",
7          "RpcUrl": "http://10.1.6.125:20333",
8          "WIF": "Kxiz3uKPffAwfwSYD3kZBcg2uymHKNBmS2yHJyTcgBUVRkkBLjVd",
9          "targetWIF": "Kxiz3uKPffAwfwSYD3kZBcg2uymHKNBmS2yHJyTcgBUVRkkBLjVd",
10         "ContractPath": "Zoro-TestNep5Contract.avm",
11         "ContractHash": "0xbad32cd3a09bfb260d56e19c77395edfee677ffa",
12         "transferValue": "10000",
13         "NativeNEP5": "0x69f5041dc8a0b30c606122e5accf14f5f85ade96",
14         "BCPIssuer": [
15             "L2TDpV9SGF4dKL3vfsZUy2CV8kLX9Vr4vLWDRCwFZr5LzmbQphAE",
16             "L5V12K72t1wiGVP88ZkMS6KC5WoPVnARZMzKPQhmgYjHSTBYWhhH",
17             "L5SYpUaz64G5besWVzotm8CRbiqFRds5kG26nuUHA7wKjX7LckiL",
18             "KyiKutgDcRA6J7L5jrpyuJVJlnUTwfwRxpEcKmlfBcairLUZLY5W"
19         ],
20         "ZoroBank": "0xcfb0f9ec4b1840565daeffa92ae60b0c6ff60688",
21         "TestContract": "0xbb361ed3c874f87e2993dfd617cd6e34d33f6c2",
22         "CrossAccount": "L4ooZWvkj6QM9AjPREmF2SZZFYgEFAxWPzYJY6jdr4XJNx62Smbf"
23     }
```

图 4.25　修改 config 文件

（2）获取 key 和 wif 的方法如图 4.26 所示。

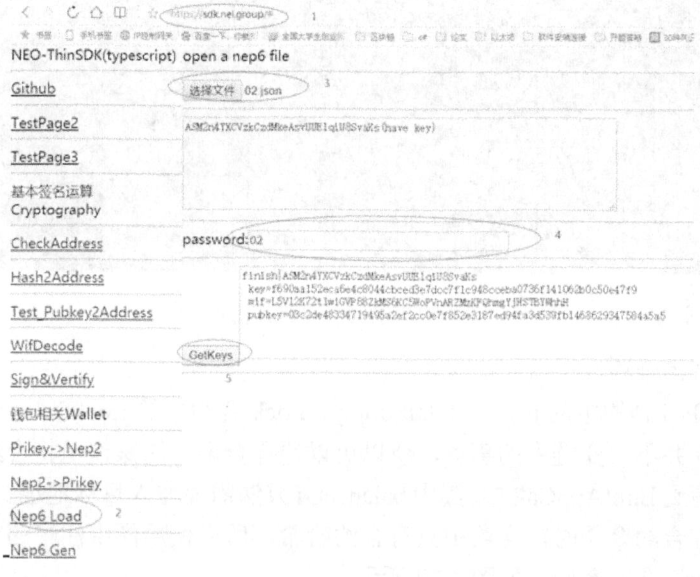

图 4.26　获取 key 和 wif 的示意图

4.2.4　测试合约接口

下面对 7 个操作进行说明。

（1）创建合约。

合约生成的 avm 文件需要复制到对应合约相关操作的 bin 下面，如图 4.27 所示。

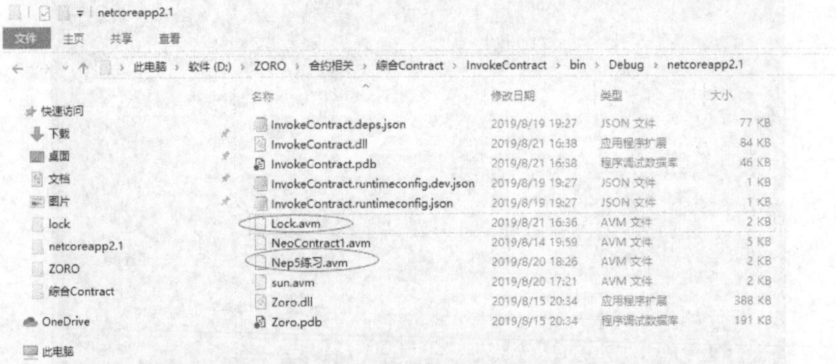

图 4.27　合约生成的 avm 文件

当程序创建的合约无须调用其他合约（如 NEP-5）时 int need_nep4 = 0；创建调用其他合约的合约（如 Lock 合约）时需要 int need_nep4 = 2；代码如图 4.28 所示。

```
public static void CreateContract(string chainHash, string wif, string ContractPath)
{
    KeyPair keypair = ZoroHelper.GetKeyPairFromWIF(wif);
    byte[] script = System.IO.File.ReadAllBytes(ContractPath);
    Console.WriteLine(" Contract Hash:        " + script.ToScriptHash());
    byte[] parameter__list = ZoroHelper.HexString2Bytes("0710");
    byte[] return_type = ZoroHelper.HexString2Bytes("05");
    int need_storage = 1;
    int need_nep4 = 2;             // 创建调合约的合约时需要改为2
    int need_canCharge = 4;
    string name = "mygas";
    string version = "1.0";
    string auther = "LZ";
    string email = "0";
    string description = "0";
```

图 4.28　创建合约相关代码

（2）查询合约。

如 NEP-5 合约中的 name，totalSupply，Lock 合约中的 LockBalance 等方法仅用于查询，并不改变链上的事务，所以可以选择查询合约操作，将合约中的方法名与参数写到 EmitAppCall 中。其中 balanceOf 方法需要传入目标地址的公钥哈希，但是在查询合约余额时，合约中只有合约哈希，所以使用图中注释的方法传入合约哈希来查询合约余额，如图 4.29 所示。

```
using (ScriptBuilder sb = new ScriptBuilder())
{
    sb.EmitAppCall(scriptHash, "name");
    sb.EmitAppCall(scriptHash, "totalSupply");
    sb.EmitAppCall(scriptHash, "symbol");
    sb.EmitAppCall(scriptHash, "decimals");
      sb.EmitAppCall(scriptHash, "balanceOf", ZoroHelper.GetPublicKeyHashFromAddress("AeKfVzZ2c7MtQcNUVyTQuLHACjxKi6cUVz"));  //查询账户余额
    //sb.EmitAppCall(scriptHash, "balanceOf", UInt160.Parse("0x9df8eec771c6e9b3d76171139f84e85bfb5ee017") );  //查询合约余额
```

图 4.29　查询合约代码

在输出字符串时用 Helper.GetJsonString，输出 BigInteger 时用 Helper.GetJsonBigInteger，实例如图 4.30 所示。

```
if (stack.Count == 5)
{
    Console.WriteLine("name:" + Helper.GetJsonString(stack[0] as MyJson.JsonNode_Object));
    Console.WriteLine("totalSupply:" + Helper.GetJsonBigInteger(stack[1] as MyJson.JsonNode_Object));
    Console.WriteLine("symbol:" + Helper.GetJsonString(stack[2] as MyJson.JsonNode_Object));
    Console.WriteLine("decimals:" + Helper.GetJsonInteger(stack[3] as MyJson.JsonNode_Object));
    Console.WriteLine("balanceOf:" + Helper.GetJsonBigInteger(stack[4] as MyJson.JsonNode_Object));
}
```

图 4.30　输出字符串代码

（3）Deploy 方法。

在 Deploy（部署）中只需要注意传入的 wif 要与合约中的 user（账户）的地址相对应。

（4）transfer 方法。

此 transfer 方法是账户地址向账户地址转账，非向合约地址。

（5）transferToContract。

此方法的含义是账户地址向合约地址转账，账户地址与合约地址主要区别还是在于地址有公钥哈希，合约只有合约哈希，所以第 109 行是对于账户 wif 的处理方式，第 110 行是对合约哈希的处理方式，如图 4.31 所示。

```
108        KeyPair keypair = ZoroHelper.GetKeyPairFromWIF(ewif);
109        UInt160 scriptHash = ZoroHelper.GetPublicKeyHash(keypair.PublicKey);
110        UInt160 targetscripthash = UInt160.Parse(contractHash);
```

图 4.31　账户地址向合约地址转账代码

（6）LockBalance。

LockBalance 方法也属于查询合约范畴，与 NEP-5 的 balanceOf 方法类似，但区别在于 balanceOf 是查询账户地址的余额，LockBalance 是查询锁仓合约的余额即锁仓余额，所以关键还是在于对合约哈希处理与账户 wif 处理的区别上。

（7）send 方法。

send 方法类似于 transfer，在处理好账户 wif 和合约哈希的前提下，将"send"与 Lock 合约中 send 方法需要传入的参数进行拼接，如图 4.32 所示。

```
private static void SendAllLockBalance(string assetId, string chainHash, string contractHash, string ewif)
{
    KeyPair keypair = ZoroHelper.GetKeyPairFromWIF(ewif);           ← 处理账户wif
    UInt160 scriptHash = ZoroHelper.GetPublicKeyHash(keypair.PublicKey);
    UInt160 assetIdScriptHash = UInt160.Parse(assetId);             ← 处理公钥哈希
    using (ScriptBuilder sb = new ScriptBuilder())

    sb.EmitAppCall(UInt160.Parse(contractHash), "send", assetIdScriptHash, scriptHash);   ← 所调方法与参数

    var result = ZoroHelper.SendInvocationTransaction(sb.ToArray(), keypair, chainHash, Config.GasPrice);

    MyJson.JsonNode_Object resJO = (MyJson.JsonNode_Object)MyJson.Parse(result);
    Console.WriteLine(resJO.ToString());
}
```

图 4.32　send 方法相关代码

4.2.5　测试 LockKuoZhan 合约

测试 LockKuoZhan 合约的步骤如下。

（1）准备。

e 账户为锁仓合约管理员，f 账户为测试 locker，首先确认 f 账户中有 700×10^8 NEP-5，如图 4.33 所示。

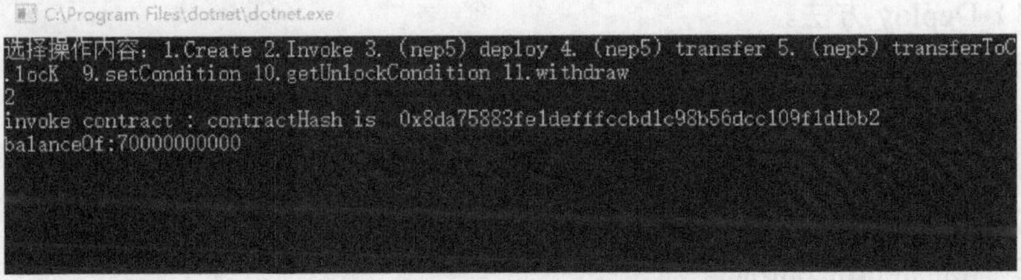

图 4.33　查看 f 账户内的 NEP-5 数量

（2）部署创建 LockKuoZhan 合约，部署过程如图 4.34 所示。

图 4.34　部署过程

（3）f 账户向合约转账 100NEP-5 并记录 txid（交易哈希，transactionID），转账过程如图 4.35 所示。

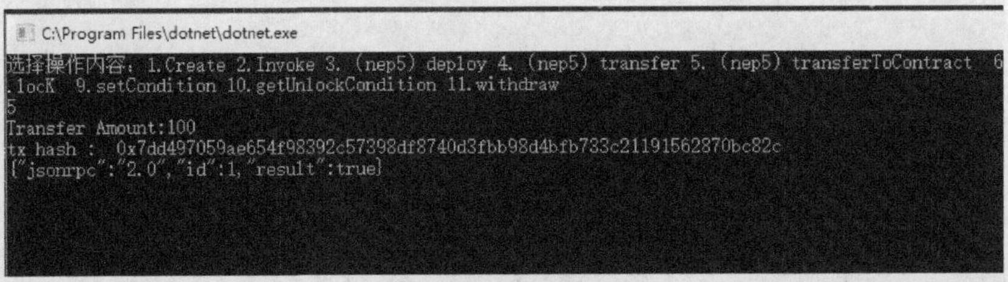

图 4.35　转账过程

（4）f 账户还剩余 $600×10^8$ NEP-5，余额情况如图 4.36 所示。

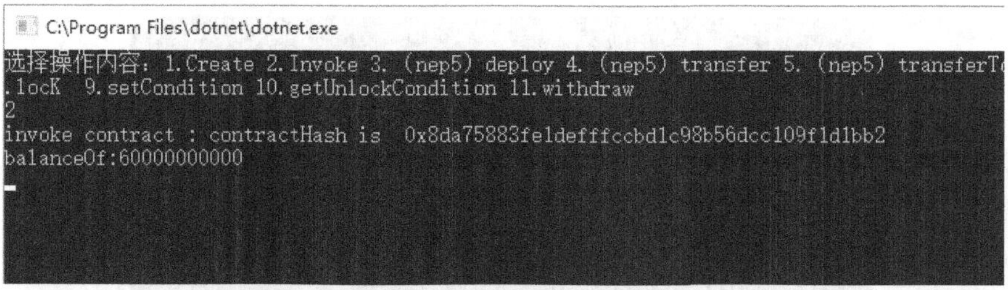

图 4.36　余额情况

（5）管理员 e 通过 f 账户向此合约转账的 txid 进行对此交易的 value（金额）进行锁仓（测试 Lock 接口），如图 4.37 所示。

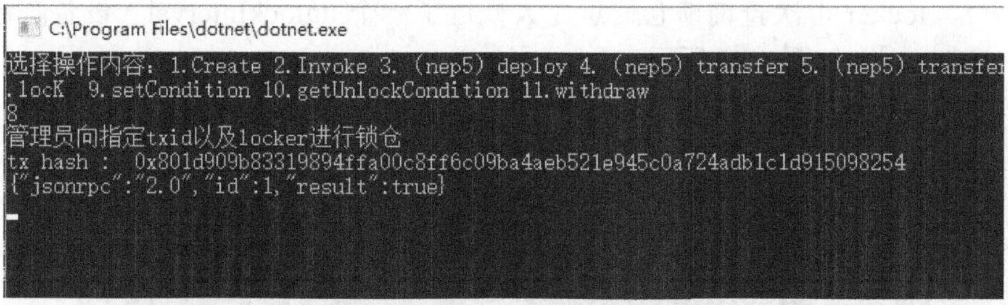

图 4.37　锁仓

（6）管理员 e 设置 f 账户的解锁条件（测试 setCondition 接口），如图 4.38 所示。

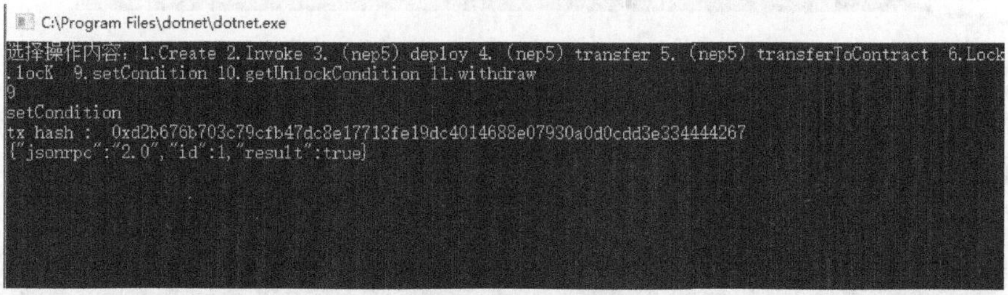

图 4.38　测试 setCondition 接口

（7）locker 查询锁仓信息，如图 4.39 所示。

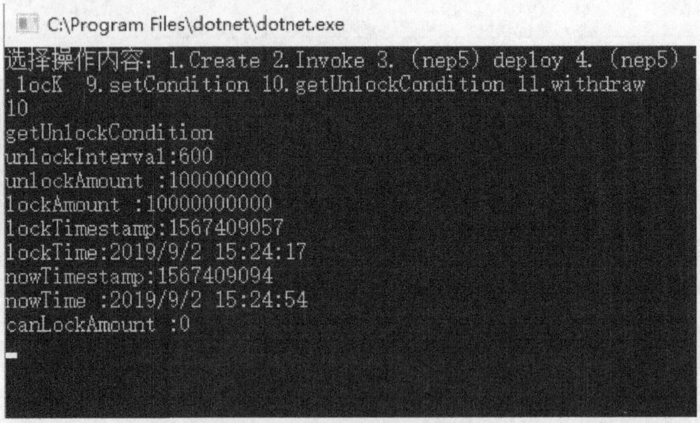

图 4.39　查询锁仓信息

（8）locker 再次查询锁仓信息［大概过了一个 unlockInterval（设备解锁时长）（600s）］，如图 4.40 所示。

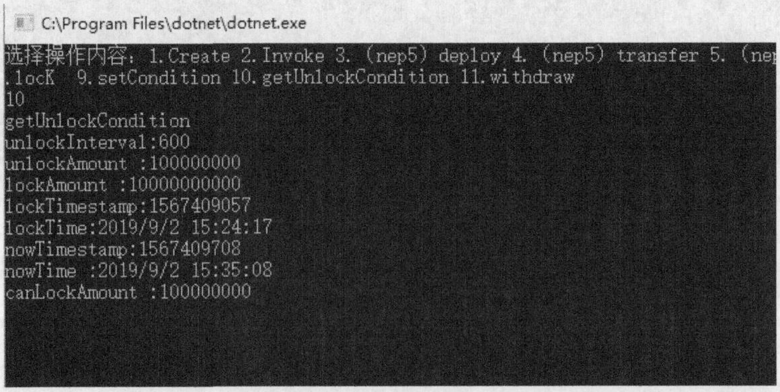

图 4.40　再次查询锁仓信息

（9）测试取钱（withdraw 接口），等待 10min 测试 withdraw 接口看是否能把这 $1×10^8$ 的 NEP-5 取出，如图 4.41 所示。

图 4.41　测试取钱

（10）查看 locker 余额，如图 4.42 所示，结果正确。

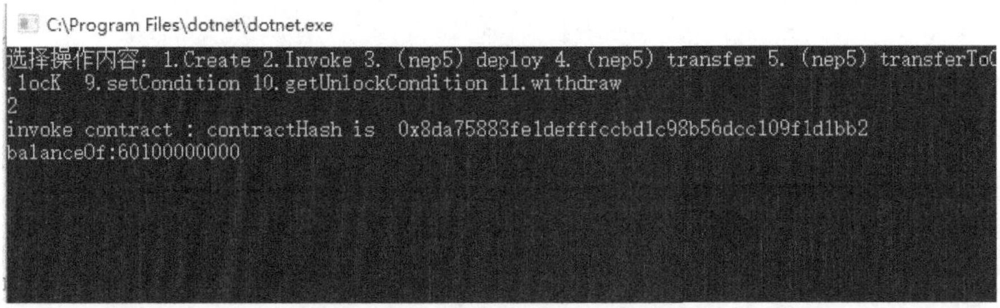

图 4.42　查看 locker 余额

（11）locker 第三次查询锁仓信息（间隔 600s 调用一次 withdraw 接口后），如图 4.43 所示，结果正确。

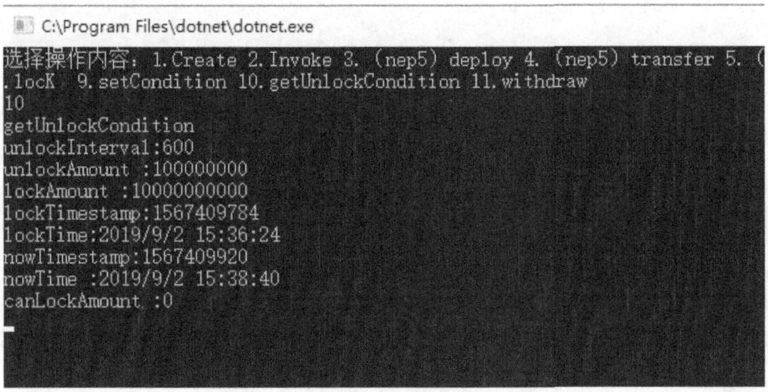

图 4.43　第三次查询锁仓信息

参考文献

[1]　Zoro 白皮书[EB/OL]. (2019-6-15)[2019-7-04]. https://docs.neo.org/docs/zh-cn/basic/whitepaper.html.